Anja Ludewig

Kartographische Visualisierung von Marktdaten mit der Software District/Regiograph 2009

Examicus Verlag

Bibliografische Information der Deutschen Nationalbibliothek:

Bibliografische Information der Deutschen Nationalbibliothek: Die Deutsche Bibliothek verzeichnet diese Publikation in der Deutschen Nationalbibliografie; detaillierte bibliografische Daten sind im Internet über http://dnb.d-nb.de/ abrufbar.

Druck und Bindung: Books on Demand GmbH, Norderstedt Germany
ISBN: 978-3-86943-349-3

http://www.examicus.de/e-book/186662/kartographische-visualisierung-von-marktdaten-mit-der-software-district-regiograph

Examicus - Verlag für akademische Texte

Der Examicus Verlag mit Sitz in München hat sich auf die Veröffentlichung akademischer Texte spezialisiert.

Die Verlagswebseite www.examicus.de ist für Studenten, Hochschullehrer und andere Akademiker die ideale Plattform, ihre Fachtexte, Studienarbeiten, Abschlussarbeiten oder Dissertationen einem breiten Publikum zu präsentieren.

HOCHSCHULE FÜR TECHNIK UND WIRTSCHAFT DRESDEN (FH)
University of Applied Sciences
Fakultät Geoinformation
Studiengang Kartographie

Diplomarbeit

Zur Erlangung des akademischen Grades
Diplom-Ingenieur (FH)

Kartographische Visualisierung von Geomarktdaten mit der Software District/RegioGraph 2009

eingereicht: 16. Juli 2009
von: Anja Ludewig

Vorwort

Durch das im Sommersemester 2008 absolvierte Praxissemester in der Firma Geograma S.L. in Vitoria-Gasteiz/ Spanien ergab sich die Möglichkeit, einen Einblick in den Bereich des Geomarketings zu erhalten. Dabei bot sich die Gelegenheit, dieses Thema für die hier vorliegende Diplomarbeit zu verfassen.

Für die gute Zusammenarbeit und die Bereitstellung der benötigten Softwareprodukte möchte ich mich recht herzlich bei der Firma Geograma S.L. bedanken.

Des Weiteren gilt mein Dank Herrn Prof. Dr.-Ing. Kowanda, der mich zu neuen Denkanstößen und fachliche Überlegungen motivierte. Ebenfalls möchte ich mich bedanke für die fachliche Unterstützung und Anfertigung des Zweitgutachtens bei Herrn Prof. Dr. oec. Helbig.

Vitoria-Gasteiz im Juli 2009 Anja Ludewig

Inhaltsverzeichnis

Verzeichnis der Abbildungen

Abkürzungsverzeichnis

Abb.	Abbildung
Abs.	Absatz
AG	Aktien Gesellschaft
BM	Business Mapping
d. h.	das heißt
deu.	deutsch
eng.	englisch
ESRI	Environmental Systems Research Institute
GfK	Gesellschaft für Konsumforschung
GIS	Geografisches Informationssystem
griech.	griechisch
IVU	Institut für Verkehr & Umwelt
LDI	Landesbeauftragte für Datenschutz und Informationsfreiheit
Nr.	Nummer
NRW	Nordrhein Westfalen
PDF	Portable Document Format
PLZ	Postleitzahl
PTV	Planung Transport Verkehr
S.L.	Sociedad Limitada[1]
SIG	Sistema de Información Geográfica (deu. Geoinformationssystem)
Tab.	Tabelle
usw.	und so weiter
z. B.	zum Beispiel

[1] *Entspricht in etwa einer Kommanditgesellschaft ohne Komplementär vgl.: http://es.wikipedia.org/wiki/Sociedad_de_responsabilidad_limitada.*

1. Einleitung

1.1 Motivation und Zielsetzung

Landkarten, auf denen Standorte mit verschiedenfarbigen Stecknadeln markiert werden, gehören der Vergangenheit an!

Durch den schnellen technischen Fortschritt ist es heute möglich, personenbezogene Daten bis auf die Hausnummer genau in Karten zu visualisieren und zu analysieren. Da in allen Bereichen der Wirtschaft Sachdaten zum Einsatz kommen, die zu circa 80% räumliche Bezüge aufweisen, ist vielen Unternehmen bereits heute ein Geografisches Informationssystem (GIS) zur betrieblichen Standardanwendung geworden. Die Informationen über räumliche Beschaffenheit und Strukturen helfen bei der präzisen Planung vieler Unternehmensentscheidungen und können zum wesentlichen Wettbewerbsfaktor werden. Somit erfolgt ein Wandel vom Marketing hin zur kartographischen Visualisierung und Präsentation, von Marktdaten in Landkarten, mit den Instrumenten des Geomarketings.

Das Geomarketing hat sich als schnell wachsenden Wirtschaftszweig etabliert, wodurch der Markt eine völlig neue Anschaulichkeit erlangt. Dieses eröffnet dem Unternehmensmanagement neue Wesenszüge bei der Planung und messbaren Bewertung nach Erfolg und Misserfolg von regionalen Produkten, deren Preisen und erzielbaren Umsätzen und stellt somit ein leicht verständliches Planungs- und Entscheidungswerkzeug dar. Es stellt sich nicht mehr nur allein die Frage *„Wer ist mein Kunde?“*, sondern auch der Frage *„Wo ist mein Kunde?“* wird eine immer größere Bedeutung zuteil.

Zur Umsetzung der Geomarketinganalysen haben in den vergangenen Jahren verschiedene Hersteller neue Softwarelösungen entwickelt Marktdaten schnell und unkompliziert zu visualisieren, um die Unternehmenssituation anschaulich und leicht interpretierbar zu gestalten.
Im Rahmen dieser Diplomarbeit wird dabei speziell auf die Softwarelösung District/RegioGraph der Firma GfK GeoMarketing eingegangen. Es wird untersucht, welche Standardanalysen und Funktionalitäten das Programm zur

Verfügung stellt und welche Unternehmensdaten wie dargestellt werden können, um die Problematik möglichst effektiv zu visualisieren.

Da während der Bearbeitungszeit dieser Diplomarbeit die neueste Version der Software erschienen ist und sich der Name District 10 zu RegioGraph Planung 2009 geändert hat, wird in dieser Arbeit von District/RegioGraph gesprochen. Alle Angaben sind sowohl für District 10 als auch für RegioGraph Planung 2009[2] relevant und aktuell. Zusätzlich zu den Ausführungen werden sämtliche Funktionalitäten der Software im interaktiven Tutorial in einer Schritt für Schritt Anleitung erläutert und beschrieben.

1.2 Aufbau der Arbeit

Im Anschluss an die einleitenden Ausführungen werden zunächst im *2. Kapitel* die theoretischen Grundlagen zum Inhalt als auch zur Bedeutung des Geomarketing diskutiert. Es wird untersucht, welche Daten die Basis für das Geomarketing bilden und abschließend werden die vom Gesetzgeber vorgegebenen rechtlichen Rahmenbedinungen des Geomarketings hinsichtlich des Datenschutzes betrachtet.

Das *3. Kapitel* widmet sich der Software District/RegioGraph der Firma GfK GeoMarkting. Dabei werden die Entwicklungsgeschichte des Programms, die möglichen Einsatzgebiete sowie die Nutzung hinsichtlich der kartographischen Umsetzung und Gestaltung dargestellt.

Im anschließenden *4. Teil* der Arbeit werden die Analysewerkzeuge, Funktionalitäten und Standardfunktionen von District/RegioGraph 2009 näher betrachtet. Hier werden besonders die kartographische Darstellung und die sowie die Einsatzmöglichkeiten kritisch beurteilt.

[2] *Vgl. Kapitel 3.1. Entwicklungsgeschichte.*

Das *5. Kapitel* beschäftigt sich mit der Gebiets- und Standortplanung. Es wird untersucht, welche Möglichkeiten zur Erstellung und Optimierung neuer Gebiete mit District/RegioGraph möglich sind und welche Funktionalitäten das Programm zur Standortplanung bietet.

Der *letzte Teil* dieser Arbeit umfasst die Zusammenfassung der vorliegenden Untersuchung - in deutscher und spanischer Sprache - mit abschließendem Ausblick auf die möglichen zukünftigen Entwicklungen im Bereich des Geomarketings.

2. Geomarketing

2.1 Definition des Begriffs

Der Begriff Geomarketing setzt sich im Wesentlichen aus dem Wort „Geo“ und „Marketing“ zusammen. Dabei bezieht sich *Geo* auf den geographischen Raumbezug und bildet mit raumbezogenen Daten die Grundlage der Analysen. *Marketing* hingegen bezieht sich auf die kundenorientierten Aktivitäten der Wirtschaftssubjekte, d. h. auf die Befriedigung der Bedürfnisse potenzieller Kunden und anderer Bezugsgruppen, um gesetzte Ziele effizienter zu erreichen.

Im englischen Sprachgebrauch wird der Begriff „Geomarketing“ eher selten gebraucht, stattdessen werden *Business Mapping* oder *Business Geographics* verwendet.

Schüssler (2000) definiert den Begriff wie folgt:

> *„Geomarketing bezeichnet die Planung, Koordination und Kontrolle kundenorientierter Marktaktivitäten von Unternehmen mittels geographischer Informationssysteme. Es werden Methoden angewendet, die den Raumbezug der untersuchten unternehmensinternen und -externen Daten herstellen, analysieren und visualisieren sowie sie zu entscheidungsrelevanten Informationen aufbereiten“*[3]

Eine weitere Definition bietet die Gesellschaft für Konsumforschung:

> *„Unter Geomarketing versteht man auf die räumlich differenzierten Eigenschaften des Marktes abgestimmten Marketingmaßnahmen. Um ein sinnvolles Geomarketing entwickeln zu können, ist es also nötig die räumlichen Muster und Zusammenhänge im Markt zu erkennen. Durch den Einsatz eines GIS, in dem Bevölkerungs-, Wirtschafts- und Unternehmensdaten räumlich miteinander verknüpft und analysiert werden können, wird dies ermöglicht.“*[4]

---

[3] *F. Schüssler (2000) Geomarketing. Anwendungen Geographischer Informationssysteme im Einzelhandel. Tectum-Verlag, Marburg.*

[4] *GfK (2009).*

Diese Definitionen sagen aus, dass im Geomarketing unternehmenseigene Daten wie Kundenadressen, Umsätze, Bevölkerungs- und/oder Wirtschaftsdaten mit Raumdaten verknüpft und analysiert werden. Die Darstellung der Resultate erfolgt dabei durch eine automatisch generierte Datendarstellung in einer Landkarte.

Das Geomarketing zählt zu den interdisziplinären Wissenschaften und liegt somit im Überschneidungsbereich von Informationstechnologie, Geowissenschaften und Wirtschaft. Eine konkrete Abgrenzung des Bereiches ist wegen der vielfältigen Einflussfaktoren der verschiedenen Disziplinen nicht möglich.
In der *Betriebswirtschaftslehre* analysiert und visualisiert Geomarketing die betriebswirtschaftlichen Zusammenhänge eines Unternehmens. Das heißt, zweidimensionale Diagramme von Verkaufsgebieten werden zu aussagekräftigen Darstellungen, die mit vielen weiteren Daten über die Zielgebiete verknüpft werden können. Diese Daten sind zum Beispiel Einwohnerdichte, Kaufkraft, Konsumverhalten oder Wettbewerbsstandorte. Damit wird für den Unternehmenserfolg eine detaillierte und präzise Steuerung der betriebswirtschaftlichen Parameter möglich. Neben der Betriebswirtschaftslehre ist das *Marketing* einer der Schwerpunkte des Geomarketings. Es ist entscheidend für die Erhebung von Kundendaten, Preisgestaltung, Distribution und Kommunikation. Das bedeutet, die Daten, die von der Analyse ausgewertet werden sollen, werden durch das Marketing bereitgestellt.
Für die Darstellung räumlicher Bezüge von betriebswirtschaftlichen Phänomenen, für Analyse, Präsentation und Plot in Karten ist der Bereich der *Kartographie* relevant. Die *Informatik* verwaltet Daten in Datenbanken bzw. Geodatenbanken und stellt diese bei Bedarf zur Verfügung. Sie realisiert die computergestützten Analyseverfahren und automatisiert Prozesse. Statistische Informationen, zum Beispiel Einwohnerzahlen, werden interpretiert, analysiert oder aber auch mit anderen Zusammenhängen verknüpft. Dadurch bildet die *Statistik* ebenfalls einen Überschneidungsbereich mit dem Geomarketing.

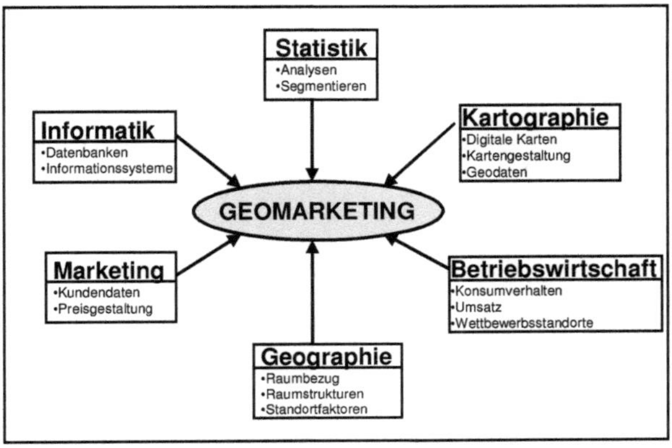

Quelle: eigene Darstellung

Abb. 2.1: Bereiche des Geomarketings

Die Vorgehensweise des Geomarketings lässt sich dabei in die drei Stufen Informationserstellung, Informationsauswertung und Informationsdarstellung unterteilen. Sach- und Geodaten, welche im Prozess der Informationserstellung zur Verfügung gestellt werden, werden im Prozess der Informationsauswertung durch Analysen strukturiert und im Prozess der Informationsdarstellung visualisiert.

2.2 Historische Entwicklungen

Das Wort *Geomarketing* kam erstmals in den frühen 90er Jahren in der Regionalforschung auf. Diese analysiert Chancen und Risiken des globalen Wandels für regionale Entwicklungsprozesse.

Die Gesellschaft für Konsumforschung der Bundesrepublik Deutschland entwickelte 1955 die erste Kaufkraftkarte, anfangs mit einer Gliederung nach Bundesländern und später folgte die Gliederung nach Gemeinden bis hin zur Gliederung nach Stadtbezirken.

1959 wurde das *Institut für angewandte Sozialwissenschaften (infas)* durch Klaus Liepelt gegründet, welches sich noch heute der Regionalforschung widmet und somit eines der ältesten Markt- und Sozialforschungsinstitute in Deutschland ist. Doch erst durch das Aufkommen der Personalcomputer in den späten 70er Jahren war es den Unternehmen möglich, Kundendaten und Unternehmensdaten selbst digital zu verwalten.

Die „Quantitative Revolution" der Geografie in den 60er und 70er Jahren führte dazu, dass mathematische und statistische Methoden auf raumbezogene Phänomene bezogen werden konnten. In Großbritannien wurden gegen Ende der 70er Jahre diese quantitativen Methoden bereits auf Fragestellungen angewendet, die heute zum Geomarketing zählen.

Mitte bis Ende der 80er Jahre entwickelten sich neben dem Institut für angewandte Sozialwissenschaften noch weitere Unternehmen, die Marktdaten mit Hilfe von Landkarten untersuchen und darstellen. Doch erst seit Ende der 80er Jahre, durch die schnelle Entwicklung im Hard- und Softwarebereich und mit der Einführung von Windows 97, wurde es den Unternehmen ermöglicht, eigene Marktanalysen durchzuführen. Die Entwicklung von Navigationssystemen Ende der 90er Jahre machte die flächendeckende Aufnahme des Straßennetzes möglich, womit Kundendaten, Haushalte und Potenziale auf Straßenabschnitten detailliert dargestellt werden können.

Die rasante Entwicklung unseres Wirtschaftsraumes von Verkäufer- zu Käufermärkten, resultierend aus der Sättigung der Märkte und dem informationstechnologischen Fortschritt, der die technische Voraussetzung für den effektiven Einsatz von Geomarketing bot, ist die grundlegende Ursache für den derzeitigen Boom der Branche.

2.3 Datenbasis

Für die Durchführung von Geomarketinganalysen wird vorausgesetzt, dass relevante Daten vorhanden sind und zur Verfügung stehen. Die Faktoren für die Beurteilung der Daten sind Genauigkeit, Vollständigkeit, Aktualität und Kleinräumigkeit beziehungsweise Datentiefe. Dabei wird zwischen raumbezogenen und attributbezogenen Daten unterschieden. Diese können beliebig oft miteinander verknüpft werden.

2.3.1 Raumbezogene Daten

Raumbezogene Daten werden in Daten mit direkten und indirekten Raumbezug untergliedert. Geometriedaten, die über Koordinaten einem bestimmten Ort auf der Erde zugeordnet sind, verfügen über einen direkten Raumbezug im Gegensatz zu Adressdaten, deren Raumbezug aus einem direkten Raumbezug abgeleitet werden. Das hinter diesem Vorgang stehende Verfahren wird auch *Geocoding* genannt. Im Geomarketing ist das Geocoding die genauste Möglichkeit, Standorte, Kunden und Partner zu lokalisieren - sie ist eine direkte Referenz auf den räumlichen Zusammenhang.
Für Analysen erfolgt die Einteilung der Daten in geografische Segmente, d. h. die Zusammenfassung von Lebensräumen, die von Menschen mit gleichen Werten, gleichem Lebensstil oder Sozialstatus gemeinsam eingenommen werden. Ziel dieser Aufteilung ist es, den heterogenen Markt in homogene Submärkte aufzuteilen und die Datenerhebung, wie z. B. Einkommen, auf Einzelpersonen zu vermeiden.[5]

Die Genauigkeit der Daten hängt dabei von der Ebene ab, auf der z. B. die Kundeninformationen bereitgestellt werden, und von der gewünschten Detailtiefe. Gebietsmäßig erfolgt die Unterteilung in Bundesländer, Regierungsbezirke, Stadt- und Landkreise, fünfstellige PLZ-Gebiete, Kommunen, Stimmbezirke, Marktzellen

[5] *Neighbourhood-Affinität.*

und Mikrozellen. Die raumbezogenen Daten[6] realisieren somit die Kartendarstellung und dienen als Grundlage für die Zuordnung der attributbezogenen Daten.

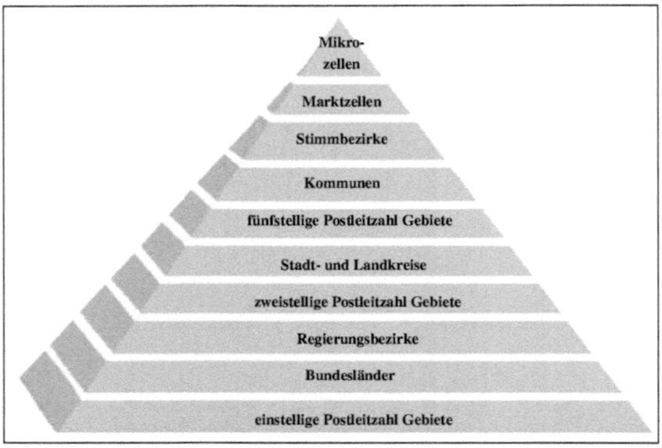

Quelle: eigene Darstellung, Orientiert an SCHÜSSLER, 2000

Abb. 2.2. Datenebenen in Deutschland

2.3.2 Attributbezogene Daten

Attributbezogene Daten oder Sachinformationen sind alle thematischen Informationen, die keine räumliche Ausprägung besitzen. Sie umschließen verschiedene Kategorien, wie die demographischen Daten, welche über die öffentliche Statistik erhoben werden. Die Statistischen Landesämter stellen Informationen über die Bevölkerung bereit, wie Alter, Geschlecht, Nationalität, usw. Attributbezogene Informationen sind aber auch externe und interne Unternehmensdaten, die Informationen über Kunden, Umsätze und Potenziale enthalten. Die Daten über Kaufkraft, die das verfügbare Einkommen in privaten Haushalten repräsentieren, stellen eine wichtige Datenbasis für viele Geomarketinganalysen dar. Diese Daten unterliegen deutlichen regionalen Unterschieden und sind an die Erwerbssituation in Haushalten gebunden. Somit

[6] *Eng.: ‚spatial data'.*

ist zum Beispiel die Kaufkraft von großer Bedeutung für die Konsumgüterindustrie, die ihre Angebote an die in einer bestimmten Region vorliegende Kaufkraft anpassen muss.

Diese Datenbasis lässt erkennen, dass der Erfolg und Misserfolg der Analysen von der Qualität der Sachdaten abhängig ist, d. h. vom Alter des Datenbestandes, der Flächendeckung, der räumlichen und inhaltlichen Genauigkeit sowie der referenziellen Integrität. Es ist außerdem erforderlich, dass Geomarketingsoftwareprodukte über schnell und einfach auszuführende Analyseinstrumente verfügen, um damit eine hohe Aktualität der Karten sicherzustellen.

2.4 Anwendungsfelder

Geomarketing findet in nahezu allen Unternehmen, unabhängig von Branche oder Größe, seine Anwendungsgebiete. Das heißt, in jedem Unternehmen, in dem mit Kundendaten gearbeitet wird, stellt sich irgendwann die Frage: *„Wo kommt mein Kunde her?“*. Die Schwerpunkte der Anwendungen umfassen dabei die Standortplanung, die Optimierung von Vertrieb und Service sowie das Mikromarketing.

Im Einzelhandel dient Geomarketing der Untersuchung der Verkaufsleistung, der Konkurrenzsituation und der Kundenprofilierung. Es vermittelt Kenntnisse über die Kunden, die Wettbewerber und die allgemeinen Standorteigenschaften. Aber Geomarketing kommt auch in den Medien, dem Vertrieb, der Gastronomie und in vielen weiteren Bereichen zum Einsatz.
Die Anwendungsfelder des Geomarketings richten sich dabei zum Beispiel nach den Fragestellungen: „Wo befindet sich meine Zielgruppe?“; „Wo werden neue Standorte benötigt?“; „Wo ist der Umsatz hoch?“ oder „Wo muss mehr geworben werden?“.

Damit umfasst Geomarketing die vier klassischen Elemente des *Marketing-Mix:*

- Place: Distributions-Mix (Standortplanung)
- Price: Preis-Mix (Zielgruppenanalyse)
- Promotion: Kommunikations-Mix (Database Marketing)
- Product: Produkt-Mix (Vertriebsoptimierung)

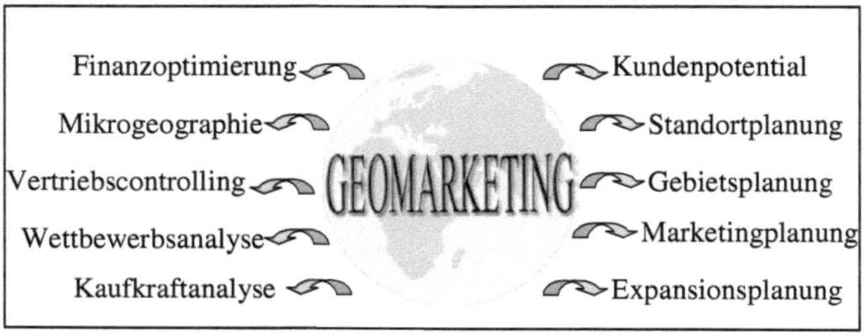

Quelle: eigene Darstellung

Abb. 2.3 : Anwendungsmöglichkeiten Geomarketing

2.5 Datenschutz und Geomarketing

„An der Wand erscheint ein Stadtplanausschnitt von Berlin-Mitte mit der Straße der Bundeskanzlerin. Über dieses Haus weiß Herters Computer eine Menge: vor 1900 gebaut, sechs Haushalte, Bauweise befriedigend, kein Garten vorhanden, keine Ausländer, ... Diabetes und Arthrose überdurchschnittlich, Fitness unterdurchschnittlich, viel Audi, ... wenig Volkswagen.“ [7]

RAUNER[8] bezeichnet, in seinem Artikel „Die Merkels von nebenan“, das Geomarketing als den Alptraum der Datenschützer. Er weist auf die Probleme hin, wenn Kunden wie Koordinaten in einer Landkarte behandelt werden, aber er zeigt auch, welches Potential im Geomarketing steckt.

[7] *http://www.zeit.de/zeit-wissen/2006/06/Geomarketing.xml.*

[8] *Max Rauner ist für diesen Artikel mit dem Acatech-Preis für Technik-Journalisten 2007 in der Sparte "Magazin/Zeitschrift" ausgezeichnet worden.*

Durch den wachsenden Datenpool und den zunehmenden Detaillierungsgrad rückt Geomarketing somit immer mehr in das Blickfeld des Datenschutzes. Dabei handelt es sich sowohl um Massen- wie auch um Direktwerbung mit einem konkreten Raumbezug, wobei unterschiedliche Kategorien von Daten zu unterscheiden sind, die auch verschiedene Datenschutzfragen auslösen. Da es sich bei Geodaten meist um sachbezogene Daten wie Lage oder Höhe handelt, gelten keine speziellen Datenschutzbestimmungen, da diese Daten keine Beziehungen zu einer natürlichen Person aufweisen. Werden diesen Informationen natürliche Personen zugeordnet, wie zum Beispiel Grundstückseigentümer, so gilt laut § 28 Abs. 3 Nr. 3[9] des Bundesdatenschutzgesetz, dass die Übermittlung oder Nutzung ***"für Zwecke der Werbung, der Markt- und Meinungsforschung, wenn es sich um listenmäßig oder sonst zusammengefasste Daten über Angehörige einer Personengruppe handelt"*** *und* ***"kein Grund zu der Annahme besteht, dass der Betroffene ein schutzwürdiges Interesse an dem Ausschluss der Übermittlung oder Nutzung hat"*** zulässig ist.

Somit ist eine Übermittlung bzw. Nutzung der Daten erst dann unzulässig, wenn der Betroffene der Nutzung oder Übermittlung seiner Daten widerspricht.

Da im Geomarketing Kundendaten visualisiert werden, ist die Abgrenzung zu personenbezogenen und nicht personenbezogenen Daten nur schwer zu ermitteln. Den Umgang mit diesen Daten hat der Gesetzesgeber noch nicht ausreichend beantwortet, daher ist bei Grenzfällen zu prüfen, ob die Nutzung und Verknüpfung von Daten aus anderen Datenquellen mit den Geobasisdaten zu neuen Geschäftszwecken zulässig ist.[10]

2.6 Anforderungen an Geomarketingsoftware

Wie bereits im Kapitel 2 erörtert, liegt Geomarketing im Überschneidungsbereich verschiedener Fachrichtungen, in denen es verschiedene Anforderungen erfüllen

[9] *http://www.netlaw.de/gesetze/bdsg.htm.*
[10] *LDI NRW, 16. Datenschutzbericht 2003, Kap. 6.3.*

muss. Eine der wichtigsten Anforderungen an Softwareprodukte im Geomarketing ist das Zusammenwirken verschiedener Systemkomponenten. Dazu zählen die Datenaufbereitung für Erfassung, Geokodierung und Weiterverarbeitung zu verwendbaren Informationen. Eine Datenschnittstelledient dazu, Daten in Analysen und Darstellungen zu integrieren und mit (Geo-) Datenbankenzu verknüpfen. Verschiedene Analysefunktionen zur Auswertung der Marktdaten sowie eine Ausgabekomponente sind weitere Bestandteile der Systemkomponenten.

Das Institut „Frauenhofer für Intelligente Analyse und Informationssysteme“ hat ein Konzept zur Bewertung von Geomarketingsoftware entwickelt, welches die wichtigsten Fragestellungen dieser interdisziplinären Wissenschaft beinhaltet. Die einzelnen Bewertungskriterien beziehen sich dabei auf die vier Hauptaufgaben des Geomarketings. Diese sind Vertriebscontrolling, Standortplanung, Marktanalysen und Bezirksplanung.

Eine Software im Bereich Geomarketing sollte in der Marktanalyse vor allem die Klassifizierung nach quantitativen Attributen, die Zuordnung von Kunden zu Gebieten und die Darstellung als Choroplethenkarte ermöglichen.
In der Standortplanung müssen Aufgaben des Geocodierens, der Einteilung nach Rang und Score, Berechnungen von straßennetzbasierte Entfernungen oder Entfernungszonen realisiert werden. Ebenso sind die Zuordnung der Lage in einem Gebiet, das Aggregieren von Attributen nach Zuordnungen, die Berechnung optimaler Standorte, das Aufzeigen von Über- und Unterversorgung oder die Zuordnung von Farbe/ Linien sind wichtige Aufgaben.
Im Vertriebscontrolling werden Fragestellungen durch Portfolio-Analysen, Geocodierung, straßennetzbasierte Entfernungen, Zuordnung von Kunden zu Gebieten oder nach Lage in einem Gebiet dargestellt. Das Aggregieren von Attributen nach Zuordnungen, die Darstellung als Choroplethenkarte oder mit Symbolen in verschiedenen Größen sowie die Zuordnung mit Linien oder Farben gehören ebenfalls zu den Anforderungen des Vertriebscontrollings an das Geomarketing. Die Bezirksplanung fordert Möglichkeiten des Geocodierens, Berechnung von straßennetzbasierten Entfernungen und optimaler Standorte, das

Aggregieren von Attributen nach Zuordnungen, die Optimierung von Gebieten sowie die Zuordnung von Kunden zu Gebieten und nach Lage in einem Gebiet.

Um diesen Anforderungen gerecht zu werden, erfordert es eine komplexe Software, die neben den nötigen Analysefunktionen ebenfalls ein umfangreiches Datenmaterial zur Verfügung stellt. Das Ergebnis des Institutes „Frauenhofer für Intelligente Analyse und Informationssysteme" dieser Studie zeigt, das District/ Regiograph nicht nur preislich die beste Variante ist, sondern auch durch seine Stärke in der großen Auswahl an Analyse- und Darstellungsmöglichkeiten sowie in der Gebietsoptimierung überzeugt.

2.7 Übersicht verfügbarer Softwareprodukte

Die Mehrzahl der verfügbaren Softwareprodukte kann dem Bereich des Desktop-GIS zugeordnet werden. Im deutschsprachigen Raum sind vor allem die Produkte MarktAnalyst von Infas Geodata, MapInfo Professional von MapInfo GmbH, DistrictManager von Lutum+Tappert sowie District/RegioGraph von GfK GeoMarketing zu nennen, die den Hauptteil des deutschen Softwaremarktes einnehmen. Auf das Programm District/RegioGraph wird im weiteren Verlauf der Arbeit näher eingegangen, deshalb wird es bei den weiteren Betrachtungen in diesem Kapitel nicht mehr berücksichtigt.

Der MarktAnalyst[11] der Firma Infas GEOdata basiert auf der ESRI-Technologie und bietet vielseitige Einsatzmöglichkeiten der Standortplanung, der Ermittlung von Einzugsgebieten, der Analyse und Optimierung von Kundenpotenzialen und Wegstrecken. Damit gehört der MarktAnalyst zu einem der umfangreichsten Geomarketing-Komplettlösungen auf dem deutschen Markt.

Neben Infas GEOdata gehört die MapInfo GmbH, mit dem Produkt MapInfo Professional[12], ebenfalls zu den marktführenden Unternehmen im Bereich der

[11] *http://www.marktanalyst.com.*
[12] *http://www.mapinfo.com.*

geographischen Informationssysteme. Sie bieten eine Desktop-Lösung für das Erfassen, Bearbeiten, Analysieren und Visualisieren von Marktdaten in Kombination mit raumbezogenen Daten an.
Die Firma Lutum+Tappert veröffentlichte 1992 die Software District Manager für Windows, welche derzeit in der Version 8.4 erhältlich ist. Die Einsatzgebiete der Software umfassen die Ermittlung von Gebietspotenzialen, Berechnung der optimalen Gebietsstruktur und die Standortanalyse. Für dieses Produkt steht eine zeitlich begrenzte Demoversion zum Download[13] auf der Herstellerseite bereit, die über den vollen Funktionsumfang verfügt.

Eine Besonderheit unter den Geomarketingprogrammen bietet die Firma MapChart mit dem onlinebasierten MapChart Manager, der es ermöglicht online Geomarketinganalysen durchzuführen. Er verfügt über europaweites, straßengenaues Kartenmaterial sowie bereits vorhandene Businessdaten.

Neben den bereits genannten Produkten gibt es weitere Produkte, wie Map & Market der Firma Planung Transport Verkehr AG (PTV) und Filialnfo von IVU Traffic Technologies AG. Im englischsprachigen Raum finden vor allem MapPoint von Microsoft und Maptitude von Caliper ihre Anwendung.

Im Anhang A sind die derzeit aktuellen und gebräuchlichsten Softwareprodukte im Bereich Geomarketing übersichtlich zusammengefasst.

[13] *http://www.lutumtappert.de/download_support/demoversionen.php.*

3. District/RegioGraph 2009

District/RegioGraph ist ein *Desktop Mapping Tool,* speziell um Kunden-, Markt- und Unternehmensdaten zu analysieren und zu visualisieren. Für die Nutzung werden von der Firma GfK GeoMarketing verschiedene Analyseverfahren sowie Kartenmaterial aus dem TeleAtlas bereitgestellt.

3.1 Entstehungsgeschichte

Die GfK-Gruppe ist das viertgrößte Marktforschungsunternehmen der Welt. Es besteht aus den Aufgabenbereichen *Custom Research*, *Retail and Technology* sowie *Media*.

Das Unternehmen GfK GeoMarketing GmbH wurde 1991 in Karlsruhe als MACON Markt+Konzept GmbH gegründet. Durch den Zusammenschluss von GfK Regionalforschung, GfK MACON und GfK PRISMA entstand im August 2006 die GfK GeoMarketing GmbH, welche zu 100 Prozent zur GfK, der Gesellschaft für Konsumforschung, gehört.

Die GfK GeoMarketing stellte erstmals im März 1991 auf der CeBIT in Hannover die Software District vor, welche für den Zweck der Gebietsplanung konzipiert wurde. Im darauf folgenden Jahr wurde das Analysewerkzeug RegioGraph veröffentlicht. Ab den Versionen sechs, welche 2001 erschienen, konnten erstmals Dirstict und RegioGraph auch in englischer und italienischer Übersetzung genutzt werden. Damit wurde der Einsatz auf dem internationalen Markt möglich.
2007 wurden von RegioGraph und District die Versionen zehn der Öffentlichkeit vorgestellt, die digitale Landkarten und GfK Kaufkraft für Deutschland, Österreich und die Schweiz enthielten. Noch im selben Jahr gewann District 10 den Innovationspreis in der Kategorie „Buisness Intelligence" der Initiative Mittelstand. Im Jahr 2008 folgte für RegioGraph 10 die Auszeichnung im Bereich

Wissensmanagement beim Innovationspreis der Initiative Mittelstand. Seit April 2009 stehen die derzeit aktuellen Versionen der beiden Softwareprodukte zur Verfügung. Eine der Neuerungen bei den Softwareprodukten besteht darin, dass sich der Name von RegioGraph zu RegioGraph Analyse 2009 und von District zu RegioGraph Planung 2009[14] geändert hat. Eine weitergehende Differenzierung ist im Funktionsumfang zu suchen. RegioGraph Analyse 2009 ist ein kompaktes Programm, welches spezielle Funktionalitäten für die Analyse und Berechnung von Marktdaten anbietet. Die Version RegioGraph Planung 2009 ist eine Erweiterung, die zusätzlich Programmfunktionen für die Standort- und Gebietsplanung sowie für die Berechnung von Fahrzeitzonen und Einzugsgebieten bereitstellt. Als derzeit einzige Lösung auf dem deutschen Markt bietet die Software standardmäßig einen Geocoder für Deutschland, Österreich und die Schweiz an. Beide Versionen beinhalten GfK Kaufkraft sowie europaweites Landkartenmaterial.

Gegenwärtig verzeichnet die Firma GfK GeoMarketing über 40.000 Produktanwender[15] der beiden Softwareprodukte weltweit. Neben den beiden Produkten bietet das Unternehmen ebenfalls Daten zu 2,5 Millionen Straßenabschnitten an, die in der mikrogeografischen Datenbank POINTplus® verwaltet werden.

3.2 Einsatzgebiete

Die Anwendungsmöglichkeiten von District/RegioGraph decken den gesamten Bereich des Geomarketings ab. Es dient vor allem für die Analyse von Markt- und Unternehmensdaten sowie für die Regionalstatistik. Kunden- und Marktdaten werden als räumliche Darstellung in Landkarten abgebildet, wodurch sich Zusammenhänge und Potenziale erkennen lassen.

[14] *Die neuen Softwareversionen sind ab April 2009 käuflich erwerbbar. Aus diesem Grund wird in der hier vorliegenden Arbeit von District/RegioGraph gesprochen.*
[15] *Vgl. www.gfk-geomarketing.de.*

Im Controlling erfolgt der Einsatz für die Analyse und Bewertung von Umsätzen oder für die Erstellung von Jahresberichten und Reports. Der Bereich des Marketing nutzt die Instrumente des Geomarketings in der Zielgruppenanalyse, der Medienplanung, des Mikromarketings und für Analysen der aktuellen Marktsituation. Im Vertrieb werden Gebietsplanungen, Absatzplanungen oder auch die Sortimentgestaltung mit Hilfe von District/RegioGraph realisiert. Die Versicherungsbranche erstellt Tarifplanungen, Schadenspotenzialanalysen oder Risikoanalysen zum Zweck der Rückversicherung.

Für Expansionplanung, Filialnetz- und Standortoptimierung sowie Standortplanung wird die Software in der Unternehmensstrategie eingesetzt.[16] Aber auch im Bereich der Wissenschaft und Forschung bietet District/RegioGraph vielfältige Verwendungsmöglichkeiten.

Bekannte Unternehmen und Institutionen, die das Softwareprodukt nutzen, sind unter anderem Bosch, Deutsche Post, Edeka, Paulaner Brauerei, Praktiker, Axel Springer Verlag, Volkswagen, Siemens, Universität Wien, Zeiss u. v. m.

3.3 Der Kartographische Aspekt

3.3.1 Kartographie im Geomarketing

Die Thematische Kartographie stellt Themen dar, die einen geografischen Raumbezug besitzen und nicht-topographischer Art sind. Dabei werden Informationen veranschaulicht, die absolute und relative Zahlenwerte, von Einzelerscheinungen, komplexen Sachverhalten und begrifflichen Abstraktionen nach Verbreitung, Eigenschaften und Wirkungen beinhalten. Somit können Daten kartographisch sinnvoll dargestellt und ausgewertet werden, sofern es sich um räumlich verbreitete und gleichzeitig qualitativ oder/und quantitativ unterschiedliche Informationen handelt. Der Begriff "thematische Karte" wurde erstmals 1934 von R. von Schumacher verwendet und hat sich nach dem Zweiten Weltkrieg durchgesetzt. (vgl. ARNBERGER E. 1997, S.13)

[16] *Orientiert an GfK.*

Da der Bedarf nach Landkarten zur Analyse und Verarbeitung der räumlichen Dimensionen immer mehr zunimmt, wird auch die Verknüpfung von Unternehmensdaten mit Karten immer wichtiger. Mit Hilfe von District/RegioGraph können die Unternehmensdaten schnell und unkompliziert in einer thematischen Karte umgesetzt werden. Die wichtigsten Kartentypen die realisiert werden, sind unter anderem: Diagrammkarten, Chlorophletenkarten, die Darstellung von Bewegung und Genese sowie Lagekarten.

3.3.2 Kartographische Gestaltungsmittel

Um dem Nutzer die Aussage einer Darstellung zu vermitteln, tragen die grafischen Elemente einer thematischen Karte einen wesentlichen Teil dazu bei. Als kartographische Gestaltungsmittel gelten Punkt, Linie und Fläche sowie die zusammengesetzten Zeichen Signatur, Diagramm, Halbton und Schrift. *(HAKE, GRÜNREICH, MENG:2002)*

Für die Elemente Punkt, Linie und Fläche besteht die Möglichkeit, verschiedene Stile/Stilarten bzw. Füllungen zu definieren oder bereits vorhandene anzuwenden. Der jeweilige Stil kann dabei auf den gesamten Layer oder nur auf einzelne Layerelemente angewendet werden.
District/RegioGraph bietet ebenfalls verschiedene Punkt-/Positionssignaturen, die aus geometrischen oder bildhaften Symbolen bestehen, um zum Beispiel Standorte oder Kunden zu visualisieren. Dabei besteht die Möglichkeit, neben den vorgefertigten Symbolen eigene Grafiken als Punktsignaturen zu importieren, zum Beispiel das Firmenlogo eines Unternehmens. Neben den Standardformatierungen, wie Symbolgröße oder -farbe, die individuell für einzelne Symbole oder für den gesamten Layer definiert werden können, besteht die Option, den Schwerpunkt (Zentroid) der Symbole festzulegen.

Die Kartenherstellung in District/RegioGraph erfolgt maßstabsunabhängig, d. h. die Einstellungen für die Maßstabsleiste können jederzeit geändert werden. Dabei wird die Darstellung automatisch an den jeweiligen Kartenausschnitt bzw. an die

Zoomstufe angepasst. Neben der automatischen Erstellung einer Maßstabsleiste wird die Einstellung einer Projektion sowie das Hinzufügen verschiedener Kartenelemente, wie Nordpfeil, Gradnetz, usw. ebenfalls ermöglicht.

In District/RegioGraph können alle kartographischen Gestaltungsmittel zur Anwendung gebracht werden, um so ein qualitativ hochwertiges Produkt zu erzeugen.

3.3.3 Die Programmnutzung

Die Programmoberfläche ist übersichtlich und gut strukturiert aufgebaut. Durch einfaches Drag & Drop ist es möglich, die Navigationsleisten und Fenster individuell zu organisieren. Die wichtigsten Programmfunktionen und Analysewerkzeuge können direkt über einen Button der Werkzeugleiste angesteuert werden. Wodurch es gewährleistet ist, schnell und ohne spezielles Fachwissen oder lange Einarbeitungszeit in das Programm, professionelle Analysen zu erstellen.

Schwierig wird es, wenn nicht nur die Visualisierung von Marktdaten in Karten eine Rolle spielt, sondern auch das Digitalisieren der Kartenelemente. Es besteht die Möglichkeit, neue Layer zu erzeugen und diese mit Punkten, Linien oder Flächenelementen zu füllen. Jedoch sind diese Funktionalitäten sehr einfach gehalten und eignen sich nur bedingt, um Kartendaten zu digitalisieren. Um diesem Problem entgegenzuwirken, verfügt das Programm über ein Basispaket an Kartenmaterial, das unter anderem die administrativen Einheiten, Straßendaten des TeleAtlas und Siedlungsgebiete enthält. Mit diesen Layerdaten ist die Voraussetzung geschaffen, die Mehrzahl der für ein Unternehmen notwendigen Analysen durchzuführen.
Ist für eine Analyse jedoch ein Layer erforderlich, der komplexe Kartendaten speziell nach Unternehmensituation enthalten muss, können Daten im ESRI Shape Format oder im MapInfo Interchange Format importiert werden, was das Vorhandensein eines anderen Kartographieprogramms voraussetzt.

Die Datenausgabe der erstellten thematischen Karte erfolgt über die gängigen Bildformate oder über das automatische Erzeugen eines HTML-Dokumentes mit eingebetteter Landkarte und Verlinkung zu den Daten der Attributtabelle. Verschiedene Programmanpassungen können durch die Virtual Basic Programmierung von Benutzer selbst durchgeführt werden.

Da die Hauptaufgabe von District/RegioGraph darin besteht, Analysen auf der Grundlage von Landkarten zu erstellen, verlieren die kartographischen Entwurfsregeln ihre wesentliche Bedeutung und die schnelle Kartenherstellung tritt in den Vordergrund.

Je nach Anzahl der eingesetzten Layer, der importierten Attributdaten und verwendeten Elemente, steigt die Größe der Projektdatei stark an und kann schnell mehr als 100 Megabyte umfassen.

3.3.4 Zusammenfassung

District/RegioGraph ist ein Software Produkt der GfK GeoMarketing und ermöglicht die Erstellung thematischer Karten auf schnelle und einfache Weise, ohne spezielles Fachwissen. Die Programmnutzung ist einfach gestaltet, so das der Einsatz der Software ohne lange Einarbeitungszeit oder Schulung möglich ist. Zur grafischen Gestaltung der Landkarten stehen dem Nutzer viele verschiedene Möglichkeiten zur Verfügung, z. B. automatische Gradnetzerstellung, Nordpfeile, Maßstabsleisten oder die Anwendung verschiedener Stile und Effekte. Zur Realisierung der Kartengrafik können alle kartographischen Gestaltungsmittel eingesetzt werden, womit als Endergebnis eine aussagekräftige und professionell erstellte thematische Karte erzeugt wird. Damit ist die Kartographie ein wesentliches Glied in der Kette des gesamten GIS-Workflows und somit auch des Geomarketing. Durch die Einfachheit der Visualisierung von Marktdaten in Landkarten mit District/RegioGraph und durch die damit erzielte Aussagekraft, wurde ein Werkzeug geschaffen, was die Entwicklung und Optimierung von Unternemen erheblich fördert.

4. Analysefunktionen unter District/RegioGraph

Die Analyse ist eine systematische Untersuchung, bei der aus vorhandenen Daten neue Informationen generiert werden. Zur Durchführung der Analysen werden statistische Werkzeuge eingesetzt, die mit anschließender Interpretation des Resultates und der Visualisierung in Landkarten, die Datenauswertung aufzeigt.

4.1 Darstellung einer Variable

Bei der Darstellung von univariaten Analysen erfolgt die Betrachtung von nur einer Variable. Diese Analysen dienen dazu, einen Überblick über die Verteilung von Merkmalen oder statistischen Kennzahlen zu geben. Die mathematischen Grundlagen für diese Analyseverfahren bilden dabei der Modus, der Median, das arithmetische Mittel, die Varianz und die Standardabweichung. Für die univariaten Auswertungen bieten sich im Programm District/RegioGraph die Möglichkeiten einer Analyse nach Merkmalen, Klassen sowie mit der Punktdichteberechnung oder der ABC-Analyse an.

4.1.1 Analyse nach Merkmalen

Bei der Merkmalsanalyse werden die Daten nach verschiedenen Merkmalen und mit deren Bezug zueinander dargestellt. Das bedeutet, die Werte werden nach unterschiedlichen Kriterien zusammengefasst und dargestellt aber nicht in Klassen eingeteilt.

In District/RegioGraph ist die Methode der Darstellung nach Merkmalen auf alle Typen von Layern anwendbar. Zur Darstellung von flächenbezogenen Daten werden die gesamten zugehörige Kartenpolygone eingefärbt, schraffiert oder durch ein Muster gekennzeichnet, es entsteht eine so genannte Chloroplethenkarten. Die Daten der Punktlayer werden bei dieser Analyse durch verschiedenen Symbol- oder Farbdarstellungen differenziert, je nach gesetztem Kriterium. Bei den Linienlayern erfolgt die Differenzierung der einzelnen Merkmale durch die Definition des Linienstils und der Linienfarbe.

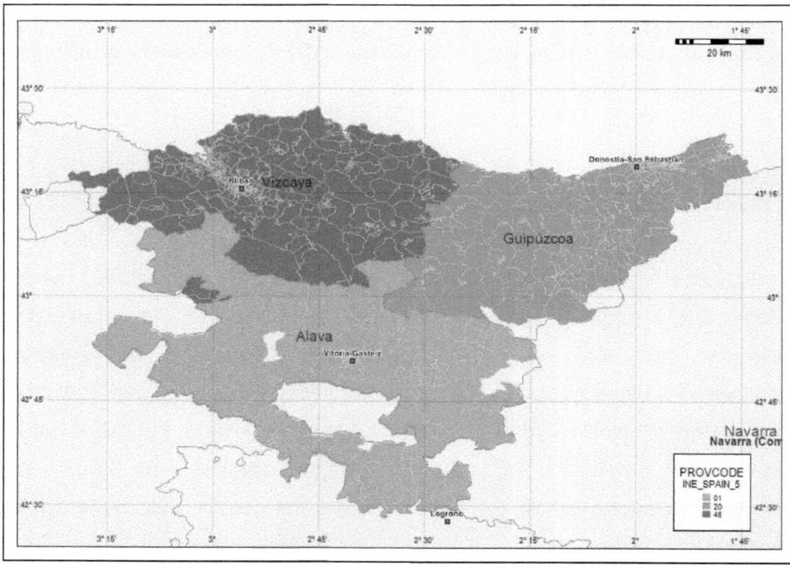

Quelle: eigene Darstellung mit District/RegioGraph

Abb. 4.1: Administrative Zugehörigkeiten der Gemeinden zu den Bundesländern

Dieses Verfahren eignet sich besonders gut für die Darstellung diskreter Merkmale, wie Kundentypen, Standortanalyse von Unternehmen oder administrativen Zugehörigkeiten (siehe Abb. 4.1), die eine farbdifferenzierte Darstellung eines bestimmten Merkmales erfordern.

4.1.2 Analyse nach Klassen

Die Analyse nach Klassen teilt die Werte eines Attributes mit einer benutzerdefinierten Klassenanzahl in verschiedene Klassengrößen ein. Das Ziel dieses Verfahrens ist die Wiedergabe einer Wertverteilung, die Berücksichtigung von festgelegten Wertgrenzen oder die Vereinfachung einer differenzierten Wertreihe. Dabei kann gewählt werden, ob die Daten größer, kleiner oder zwischen bestimmten Werten liegen sollen. Diese Möglichkeit bietet District/RegioGraph für Flächen- und Linienlayer an.

Es werden verschiedene Klassenberechnungsverfahren zur Verfügung gestellt, was die Einteilung der Daten in Klassen erleichtert. Das Verfahren *MANUAL* ermöglicht, die Klassengrenzen frei zu wählen. Die Methode *GLEICHVERTEILT* bildet die Objekte so, dass jede Klasse die gleiche Anzahl von Objekten enthält. Bei dem Verfahren *GLEICHE ABSTÄNDE* wird aus der vorgegebenen Klassenanzahl die Klassenbreite berechnet. Dabei wird die Differenz aus Maximum und Minimum der vorhandenen Werte ermittelt und durch die Anzahl der Klassen geteilt. Im Ergebnis ist jede Klasse gleich breit. Die Methode *STATISTISCHE VERTEILUNG* ermittelt die Klassenbreite über die Standardabweichung. Dadurch ergeben sich Klassen gleicher Breite, wobei sich der Mittelwert der darzustellenden Daten in der mittleren Klasse befindet. *NATÜRLICHE GRENZEN* ist eine natürliche Unterbrechung, das bedeutet, es wird auf statistischem Weg nach den größten Werten gesucht. Diese Werte werden als Grenzen für die Klasseneinteilung verwendet. Daraus resultieren unterschiedliche Klassenbreiten. Eine weitere Variante zur Klasseneinteilung ermöglicht die Methode *LOGARITHMISCHE ABSTÄNDE*. Dabei werden die Klassengrenzen über eine logarithmische Skala definiert, wobei sich die Klassenbreiten expotenzial erhöhen oder verringern. Diese Methode ist besonders günstig für Daten mit großer Spannweite und für Daten mit asymmetrischer Verteilung. Nachteilig bei der Klasseneinteilung durch logarithmische Abstände ist jedoch, dass sehr unterschiedliche Klassenbreiten entstehen können.

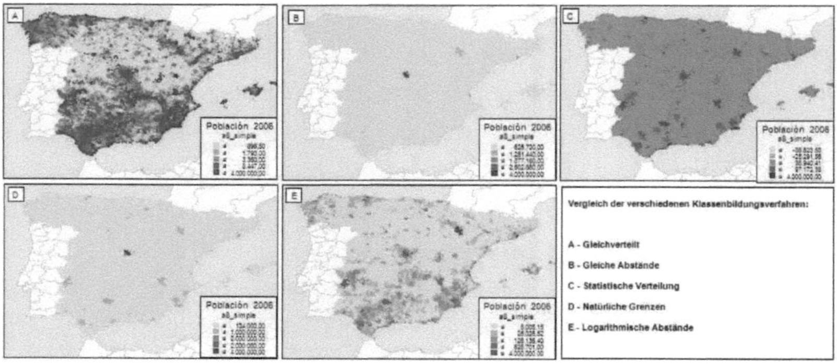

Quelle: eigene Darstellung mit District/RegioGraph
Abb. 4.2: Vergleich der Methoden der Klassenanalyse einer Variable

Über das Histogrammfenster in District/RegioGraph kann die Verteilung der Werte beurteilt werden, was die manuelle Festlegung der Klassengrenzen erleichtert, um so zu einem optimalen Ergebnis zu kommen.

Die Visualisierung der Daten erfolgt bei Flächenlayern, wie auch bei Linienlayern, durch die unterschiedliche benutzerdefinierte Farbwahl für die jeweiligen Klassen. Bei der Analyse von Linienlayern besteht außerdem die Möglichkeit, die Differenzierung der Klassen durch verschiedene Linienstile vorzunehmen.
Eingesetzt werden kann diese Art der Datendarstellung zum Beispiel für die Visualisierung von Umsatzgebieten, Kundenstandorten oder Kundengruppen.

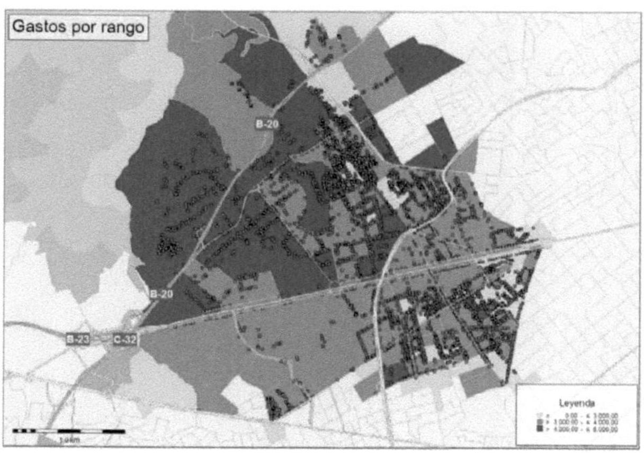

Quelle: eigene Darstellung mit District/RegioGraph
Abb. 4.3 : Kundenstandorte & Umsatz einer Pizzaria

4.1.3 Punktdichte

„Punktmethode, eine kartographische Darstellungsmethode, die zur Wiedergabe der räumlichen Verteilung von wert- und/oder mengenmäßig fassbaren Sachverhalten einfachste graphische Figuren in einer Größenordnung benutzt, die es gestattet, sie unabhängig von ihrer Gestalt als Punkt wahrzunehmen." (BOLLMANN/KOCH: 2002)

Das bedeutet, dass bei dieser Analyse zählbare Massenobjekte als Punktwolken dargestellt werden. Dabei entspricht jeder Punkt einer definierten Anzahl von Objekten oder Mengenwerten. Diese Punkte werden durch das Verfahren unregelmäßig auf der jeweiligen Fläche verteilt. Die Punktdichtedarstellung[17] eignet sich besonders gut, um Massenerscheinungen qualitativ darzustellen, die flächenhaft ungleich verteilt sind. So können Unternehmen zum Beispiel ihre Kunden/ Konkurrenten nach Gebietseinheiten visualisieren.
Problematisch bei dieser Darstellung ist, dass große Flächen mit wenig Punkten oft verloren wirken und die Zusammengehörigkeit der Punkte schlecht erkennbar ist.

In Abbildung 4.4 ist die Verteilung der Banken in Spanien als Beispiel dargestellt. Der Unterschied, der sich je nach Wahl der Menge der Objekte pro Punkt ergibt, ist aus dem Beispiel sehr gut erkennbar.

[17] *Eng. Dot Sensity.*

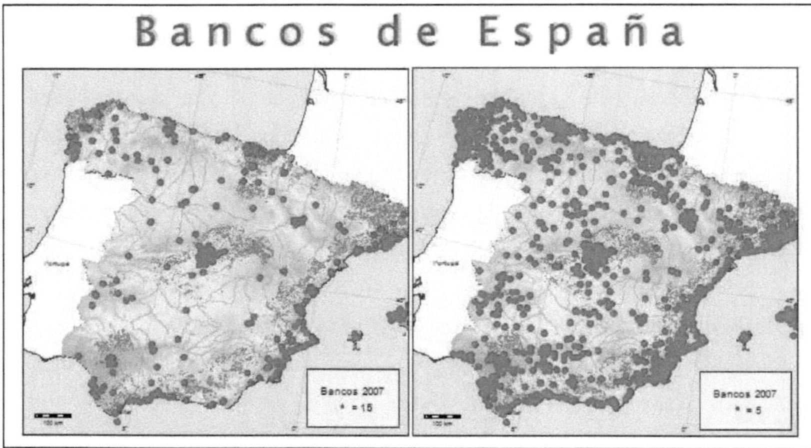

Quelle: eigene Darstellung mit District/RegioGraph

Abb. 4.4: Banken in Spanien

Im Gegensatz zu den vielfältigen Gestaltungsmöglichkeiten wie zum Beispiel der Wahl eines Symbols oder eigenen Icons, wie es die meisten Analyseverfahren von District/RegioGraph erlauben, gestattet die Punktdichteanalyse lediglich die Wahl der Punktfarbe und -größe.

4.1.4 ABC-Analyse

Die ABC-Analyse ist ein betriebswirtschaftliches Analyseverfahren und geht auf H. Ford Dickie[18] zurück. Ihr Ziel ist das Trennen des Wichtigen vom Unwichtigen, also die Einteilung der Objekte in A („wichtig") bis C („weniger wichtig") unter Verwendung von Prozentwerten. Die Elemente der Gruppe A[19] sind mengenmäßig nur schwach vertreten, machen aber den größten Wertanteil aus. Sie sind besonders wichtig, kostenintensiv und umsatzstark, dabei lassen sich hier die größten Einsparungen, Verbesserungen etc. erzielen. Die Elemente der Gruppe

[18] *General Electric Company 1951*
[19] *Wertanteil ca. 60 - 85%*

B[20] sind mengen- und wertmäßig etwa gleich stark. Mengenbezogen spielen die Elemente der Gruppe C[21] die wichtigste Rolle, haben aber den geringsten Wert.

Die Einteilung der ABC-Analyse ist sehr grobgliedrig und es werden dabei keine qualitativen Faktoren berücksichtigt. Sie schafft Transparenz und Vergleichsmaßstäbe, dabei ist die Qualität für den Erfolg der ABC-Analyse von den Ist-Daten und von der Verfügbarkeit konsistenter Datenbestände abhängig. Zum Einsatz kommt dieses Verfahren beispielsweise in der Materialwirtschaft, um Lieferanten und Teile zu klassifizieren. Im Vertrieb ist eine Kunden- und Produktsegmentierung möglich oder in der Betriebsanalyse zur Ermittlung der repräsentativen Produkte.

Die Umsetzung dieser Analyse realisiert District/RegioGraph für Gebiets-, Flächen- und Punktlayer. Zusätzlich bietet sich die Möglichkeit der Bezugnahme auf die jeweilige Region mit dem Instrument der regionalen ABC-Analyse.

Die Gestaltung der Analyseergebnisse erfolgt je nach Layertyp durch Farbfüllung, Linienstile oder Punktsymbole.

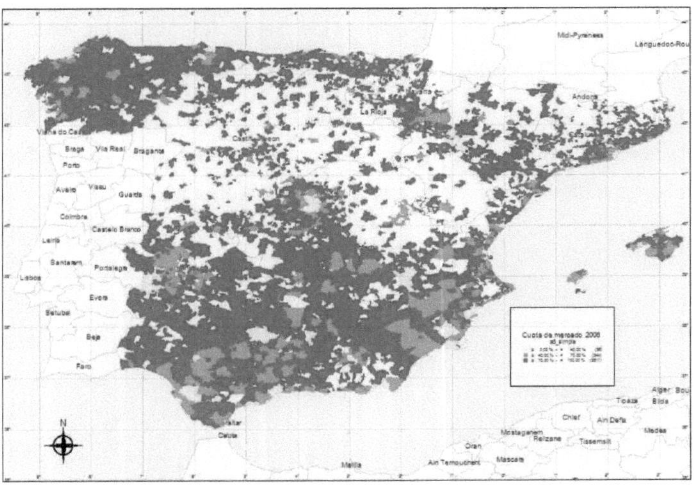

Quelle: eigene Darstellung mit District/RegioGraph

Abb. 4.5: Marktanteile mit ABC-Analyse

[20] *Wertanteil ca. 10 - 25%*
[21] *Wertanteil ca. 5%*

4.2 Darstellung mehrere Variablen

Multivariate Analysen untersuchen mehrdimensionale Merkmalsausprägungen, das bedeutet, dass ein Objekt durch mehr als ein Attribut bestimmt ist. Diese Analysen eignen sich besonders, wenn Daten, die von mehreren Variablen abhängig sind, sich gegenseitig beeinflussen.

4.2.1 Piktogramme

Das Piktogramm lässt sich definieren als „selbsterklärendes Symbol". Es stammt vom lateinischen *„pictum"* und griechischen *„gráphein"* ab und bedeutet so viel wie *„gemaltes Bild"*.
Die Daten werden bei dieser Darstellung nach bestimmten Kriterien untersucht und als zutreffend oder nicht zutreffend klassifiziert. Daten, die das Kriterium erfüllen, werden durch ein Symbol in der Karte dargestellt. Bei Daten, die das Kriterium nicht erfüllen, wird das Symbol weggelassen. Für die Auswahl der Symbole steht in District/RegioGraph eine breite Auswahl zur Verfügung, aber auch das Importieren eigener Symbole ist möglich.

Für die Wahl der darzustellenden Kriterien können bis zu 100 Spalten der Attributtabelle eines Layers gewählt werden, womit die Verwendung dieser Darstellungsvariante einen sehr hohen Nutzwert aufweist.

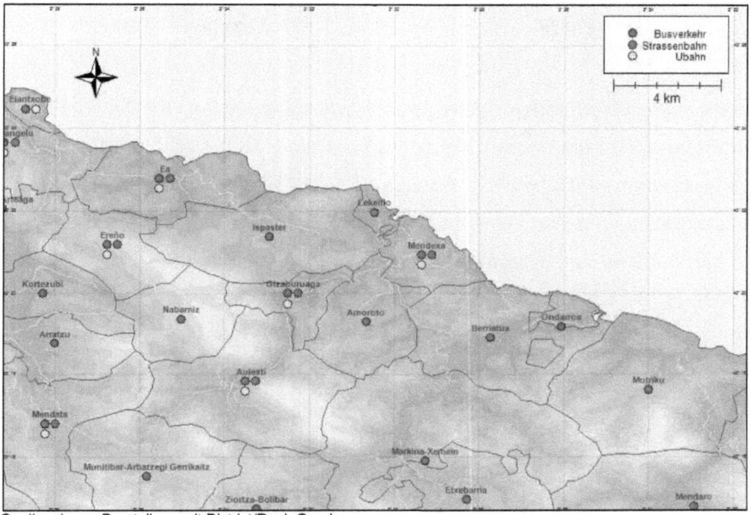

Quelle: eigene Darstellung mit District/RegioGraph

Abb. 4.6: Piktogrammdarstellung

Über die Darstellung mit Piktogrammen lassen sich zum Beispiel verschiedene Firmenstandorte nach angebotenen Produkten unterscheiden oder Gebiete können in der Standortplanung nach verschiedenen Kriterien, wie zum Beispiel der Verkehrsanbindung (Abb. 4.5) untersucht werden.

4.2.2 Portfolio-Analyse

Unternehmensstrategien werden auf ihre Zweckmäßigkeit im Unternehmensalltag geprüft und formuliert über die Portfolio-Analyse. Dabei werden Geschäftseinheiten bestimmt und nach verschiedenen Attributen bewertet, zum Beispiel Marktanteil und Marktwachstum.

In der Unternehmensanalyse dient die Portfolio-Analyse hauptsächlich zur Bewertung von Stärken und Schwächen im Unternehmen. Mit Hilfe der Analyse können wesentliche Strategien und Stoßrichtungen für die Geschäftsbereiche eines Unternehmens bestimmt werden, die sich aus den Feldern des Portfolios ableiten.

Es gibt viele verschiedene Arten von Portfolio-Analysen. In District/RegioGraph werden vor allem die beiden wichtigsten realisiert. Das sind das Marktanteils- und Marktwachstums-Portfolio[22], entwickelt von der Boston Consulting Group und das Marktaktivitäts- und Wettbewerbsstärken-Portfolio[23] nach McKinsey.
Das Marktanteils- und Marktwachstums-Portfolio stellt die gegenwärtig und künftig zu erwartende Situation dar. Die Achsen dieser Vier-Felder-Matrix bezeichnen in vertikaler Richtung das Marktwachstum und in horizontaler Richtung den relativen Marktanteil, der sich aus dem absoluten Marktanteil des Ausgangsunternehmen geteilt durch den absoluten Marktanteil des stärksten Konkurrenten berechnet. Produkte, die sich in der Wachstumsphase des Produktzyklus befinden und nur einen niedrigen Marktanteil aufweisen, werden in das Feld „Question Marks" eingetragen. Produkte die erfolgreich am Markt sind, werden zu „Stars". Produkte die ein geringes Marktwachstum aufweisen oder stagnieren, finden sich im Feld „Poor Dogs" wieder. Das Feld „Cash Cow" beinhaltet Produkte, die trotz sinkender Nachfrage Umsatz erzielen.

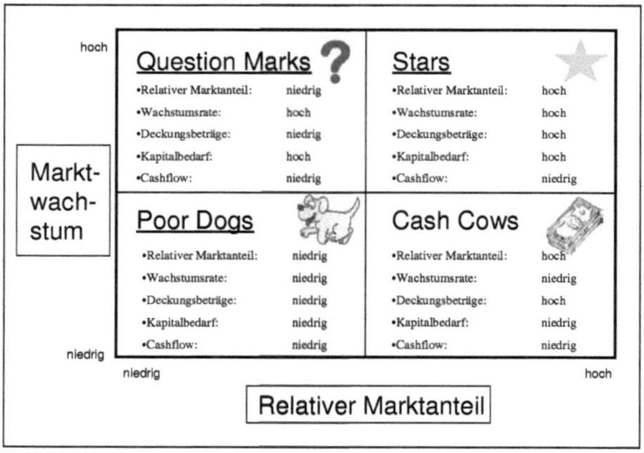

Quelle: eigene Darstellung, Orientiert an KERTH, K., ASUM, H., NÜHRICH,K., 2008

Abb.: 4.7: Portfolio-Analyse

[22] *Vier-Felder-Matrix.*
[23] *Neun-Felder-Matrix.*

Das Portfolio ist ein einfaches Modell und bietet verschiedene Vorteile. So lassen sich zum Beispiel unterschiedliche Unternehmen im gleichen Maßstab messen. Die Unternehmensstrategien sind ablesbar und es ergibt sich ein hoher Kommunikationswert. Aber es fehlt an Komplexität, wodurch wichtige Faktoren in der Portfolio-Analyse verloren gehen können.

In District/RegioGraph steht die Portfolioanalyse für Flächen-, Linien- und Punktlayer zur Verfügung, dabei können zwei Merkmalsausprägungen gleichzeitig dargestellt werden: Bei Flächenlayern werden die Flächen mit verschiedenen Farben oder Mustern gekennzeichnet. Die Darstellung der Linienlayer erfolgt über verschiedene Linienstile und die Differenzierung der Punktlayer über verschiedene Symbole.

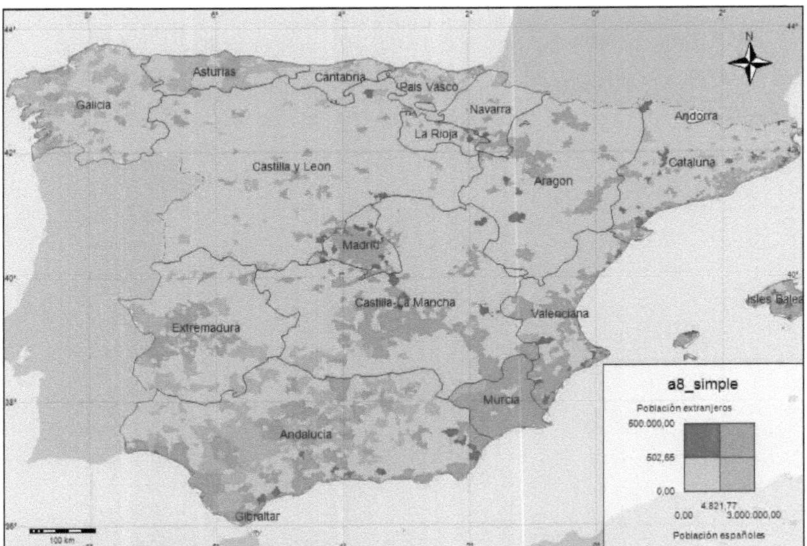

Quelle: eigene Darstellung mit District/RegioGraph

Abb. 4.8: Analyse der Bevölkerung nach Spaniern und Ausländern

Die Symbol-Variante der Portfolio-Darstellung eignet sich ebenfalls für alle Layertypen. Ihre Besonderheit gegenüber dem Standard-Portfolio besteht darin, dass den Matrixzellen zusätzlich Symbole zugewiesen werden können, die in Form, Farbe und Größe variieren.

4.2.3 Multidimensionale Symbole

Die multidimensionale Darstellung bezeichnet die Visualisierung von Daten eines Punktlayers, wobei die Daten nach verschiedenen Kriterien differenziert werden. Die einzelnen Kriterien werden durch ein Symbol mit variabler Größe, Farbe und Form wiedergegeben. Damit können zum Beispiel Daten zu Kunden, Vertretern und Umsatz in Beziehung gestellt und durch eine Landkarte visualisiert werden.

Diese Art der Datenanalyse wird in District/RegioGraph für bis zu drei unterschiedliche Kriterien gleichzeitig ermöglicht. Die Daten, die durch diese Darstellung ausgewertet werden, können nominale oder numerische Attribute besitzen.

Das erste Kriterium bestimmt die Symbolform, das zweiten Kriterium die Farbe und über das dritte Kriterium wird die Symbolgröße definiert. Das heißt, alle Daten eines Punktlayers mit den gleichen Eigenschaften der ersten Kategorie erhalten das gleiche Symbol in der Kartendarstellung.

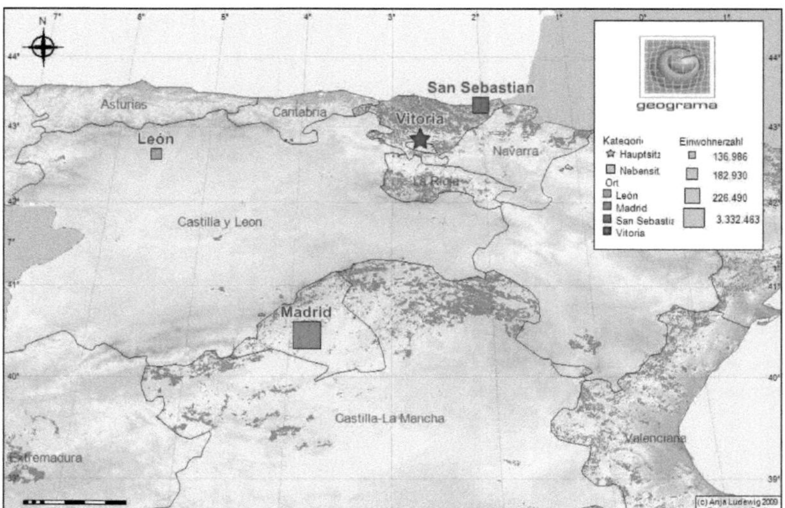

Quelle: eigene Darstellung mit District/RegioGraph

Abb. 4.9: Multidimensionale Symbole

Durch diese Darstellung ist es Unternehmen möglich, Firmenstandorte zu visualisieren und diese gleichzeitig mit anderen Kriterien in Bezug zu setzen, zum Beispiel Umsatz der Filialen mit variablen Symbolgrößen für die Anzahl der Kunden oder Zulieferer.

4.2.4 Diagramme

Diagrammdarstellungen sind ein graphisches Mittel zur Wiedergabe quantitativer Daten, vor allem statistischer Größen. Durch diese Darstellungen werden statistische Unternehmensdaten unter Bezugnahme auf den geografischen Ort in der Landkarte dargestellt. Dieses ermöglicht die präzise Analyse der Daten, um so zum Beispiel den Umsatz zu steigern oder eine Standortoptimierung durchzuführen.
Schwierig ist die Darstellung bei vielen Diagrammen in einer gebietsmäßig kleinen Fläche, da die Diagrammfiguren eine gewisse Mindestgröße aufweisen sollten so kann es zu Überlagerungen der Diagramme kommen wodurch die Lesbarkeit der Karte verschlechtert wird. Ein weiteres Problem bei der Darstellung von Diagrammen besteht darin, dass Grundrißelemente verdeckt werden können, was die geographische Zuordnung der jeweiligen Diagramme erschwert.

In District/RegioGraph stehen zwölf verschiedene Diagrammtypen mit unterschiedlichen Darstellungvarianten zur Verfügung, die durch verschiedene Optionen optimal eingesetzt werden können.
Das Säulen- bzw. Stabdiagramm eignet sichbesonders gut, um Datenänderungen innerhalb eines bestimmten Zeitabschnittes bzw. Vergleiche zwischen Elementen wiederzugeben. Es setzt sich aus einen kartesischen Koordinatensystem zusammen, wobei die Grundlinie horizontal oder vertikal angelegt werden kann. Liniendiagramme stellen die Korrelation zweier Werte in einem arithmetischen Koordinatensystem dar. Sie eignen sich besonders gut für Zeitreihen mit Trenddarstellungen oder Inter- und Extrapolationen. Die Flächendiagramme bzw. gestapelte Liniendiagramme zeigen das Verhältnis von Teilen zum Ganzen.

Die Kreisdiagramme eignen sich zur Darstellung von Anteilen an 100 Prozent aber nicht um genaue Werte zu visualisieren. Weitere Diagrammtypen bietet das Programm mit Sternen, Flächen, Aufzählungen, Kaliberdiagrammen, skalierten Symbolen etc.

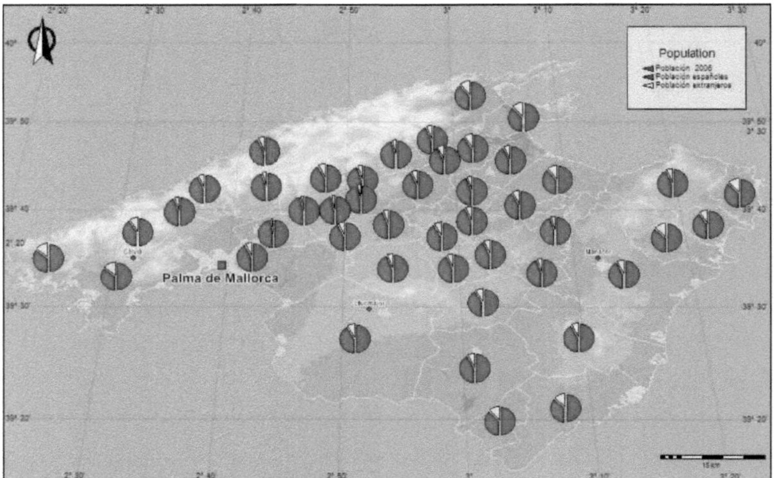

Quelle: eigene Darstellung mit District/RegioGraph

Abb. 4.10: Diagrammdarstellung der Bevölkerung

District/RegioGraph bietet ebenfalls die Kombination von zwei verschiedenen Diagrammtypen an. Dabei wird eines der Diagramme als Hintergrunddiagramm dargestellt und mit dem zweiten Diagramm überlagert.

4.3 Standortabhängige Darstellung

Kartendarstellungen werden in Abhängigkeit von einem bestimmten Standort analysiert, zum Beispiel dem Firmenstandort, zur Ermittlung der Entfernung zu anderen definierten geographischen Objekten. Die Auswertung wird durch Kilometer- und Fahrzeitzonen visualisiert. Dabei stehen in District/RegioGraph vier verschiedene Methoden zur Verfügung um diese Aufgaben zu realisieren.

4.3.1 Entfernung zu Standorten

Die Darstellung von Entfernungen zu Standorten ist eine Kartendarstellung bezogen auf einen Standort in Kilometerzonen. Die Anwendung dieser Darstellungsvariante erfolgt auf einen Flächenlayer mit Referenz zu einem Punktlayer, zum Beispiel der Firmenstandorte eines Unternehmens.

District/RegioGraph ermittelt um die Punktdaten eines Layers Entfernungszonen. Diese werden durch benutzerdefinierte Eingaben von Kilometern in Zonen um die jeweiligen Standorte als farblich differenzierte Kreiszonen dargestellt. Bei dieser Darstellungsvariante kann unterschieden werden, ob die Kilometerzonen auf den nächsten Standort bezogen oder auf einen zugeordneten Standort bezogen abgebildet werden sollen.
Bei der Variante bezogen auf den nächsten Standort erfolgt die Darstellung der Kilometerzonen für jeden einzelnen in den Punktlayer enthaltenen, Datensatz. Wird die Methode mit einem zugeordneten Standort gewählt, so kann definiert werden, um welchen Standort die Kilometerzonen erstellt werden sollen.

In Verbindung mit der Standortplanung ermöglichen diese Analyseverfahren den optimalen Standort zu finden, damit die beste und schnellste Erreichbarkeit für jeden Kunden gewährleistet ist. Ebenso lässt sich Anhand dieser Darstellung feststellen, wo eventuell neue Unternehmensstandorte nötig bzw. sinnvoll sind.

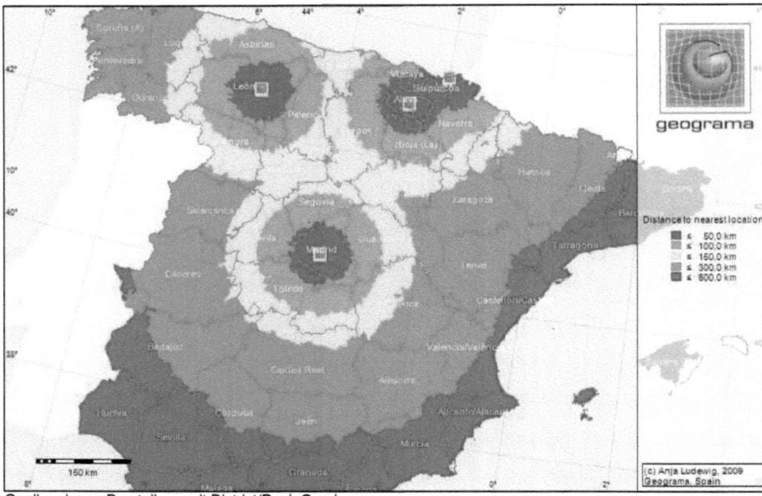

Quelle: eigene Darstellung mit District/RegioGraph

Abb. 4.11: Entfernung zum nächsten Standort

Nicht nur die Entfernung kann in District/RegioGraph als konzentrische Zonen um ein Punktobjekt dargestellt werden, sondern auch die Zeitabstände. Die Isochronen, Linien gleicher Zeitabstände oder Entfernungen, dienen zur Ermittlung des Reichweitepotenzials. Dieses Werkzeug ermöglicht Unternehmen die Darstellung zum Beispiel von Zeitzonen die Kunden benötigen um ein Unternehmen zu erreichen. Damit kann bei der Planung eines neuen Standortes die Entfernung und benötigte Zeit der Erreichbarkeit eines Unternehmens berücksichtigt werden.

Durch Untersuchungen des Marktes mit den Instrumenten des Geomarketings, wurde Anfang diesen Jahres die neue Zweigstelle der Firma Geograma S.L. in León eröffnet. In Abbildung 4.10 ist erkennbar, dass der neue Standort optimal gewählt ist, in Bezug auf die Entfernung zu eventuellen Kunden. Der neue Standort überdeckt nicht den Einzugsbereich der existierenden Standorte, sondern ergänzt diese optimal. Die Entfernung auf der nördlichen Hälfte der Iberischen Halbinsel beträgt nicht mehr als 300 km für eventuelle Kunden.

4.3.2 Radialanalyse

Durch definierte Radien um einen Standort kann nach bestimmten Kriterien auf Grundlage von Prozentsätzen oder Absolutwerten die Karte visualisiert werden. Das heißt, die Daten eines Flächenlayers werden als benutzerdefinierte Prozent- oder Absolutwerte mit konzentrischen Zonen um die Daten (z. B. Standorte) einen Punktlayers dargestellt.

Einsatz findet diese Analysevariante zum Beispiel bei der Ermittlung von Umsatzreichweiten oder Absatz- und Servicepotenzialen, die mit Fahrzeiten- und Streckenmodulen errechnet werden. Dabei dient das Straßennetz als Grundlage für die Berechnung der Zonen. Bei der Regionalen Radialanalyse wird zusätzlich, zu den oben genannten Funktionalitäten nach der Zuordnung der Region unterscheiden.

In der Abbildung 4.12 lässt sich erkennen, wie die Umsetzung dieser Analysevariante in District/RegioGraph erfolgt.

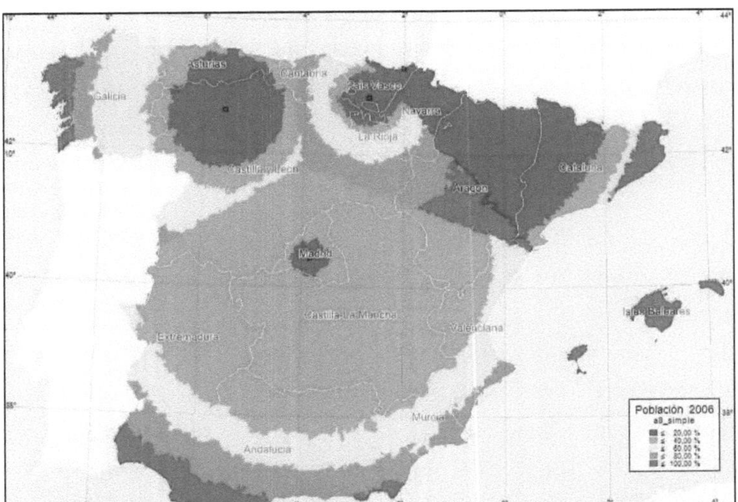

Quelle: eigene Darstellung mit District/RegioGraph

Abb. 4.12: Radialanalyse

Die Radialanalyse unterscheidet sich von der ABC-Analyse im Bezug auf die Anordnung der geographischen Objekte, d. h. bei der ABC-Analyse wird nach der Zielvariable absteigend sortiert und bei der Radialanalyse nach der Entfernung zu Standorten aufsteigend.

4.3.3 Baum- und Sterndarstellung

Diese Analysefunktionen verbinden Kartenobjekte durch Linien mit ihren zugehörigen Standorten. Die Entfernungen oder Eigenschaften können dabei durch unterschiedliche Linienfarben verdeutlicht werden.

Durch die Sterndarstellung wird gezeigt, welche Kunden sich um welchen Standort orientieren – also quasi das Einzugsgebiet eines Standortes. Sie verbindet die jeweiligen nächsten merkmalsgleichen Objekte eines Layers miteinander. Für die Darstellung werden zwei Punktelayer benötigt, die jeweils zumindest eine identische Spalte enthalten, z. B. den Namen der Standorte, der dann bei den jeweils dazugehörigen Kunden ebenfalls auftaucht.
Diese Art der Visualisierung ist sinnvoll zum Beispiel, um Kunden, die von einem Außendienstmitarbeiter betreut werden oder um Zulieferer mit den dazugehörigen Filialstandorten zu verbinden. Interessant wird es, wenn sich Sternstrahlen überlappen. Da sich dadurch Möglichkeiten für die Optimierung ergeben, um effektiver zu Wirtschaften.

Mit der Baumdarstellung lassen sich – nach demselben Prinzip wie bei den Sternen – jeweils die von der Luftlinie zueinander nächstgelegenen Standorte verbinden.
Punkt-, Flächen- oder Gebietsobjekte mit den gleichen Eigenschaften werden miteinander verbunden, d. h. es werden benachbarte Punkte durch Linien verbunden. Jede Baumstruktur, die auf diesem Wege erzeugt wird, kann zusätzlich nach Länge oder Eigenschaft mit unterschiedlichen Linienfarben klassifiziert werden.
Diese Analyse kann verwendet werden, um zum Beispiel Kunden zu visualisieren, die von einem Verkaufsmitarbeiter betreut werden.

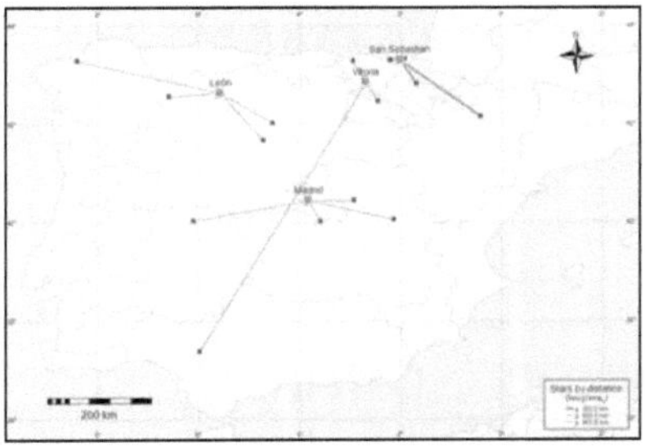

Quelle: eigene Darstellung mit District/RegioGraph

Abb. 4.13: Sterndarstellung

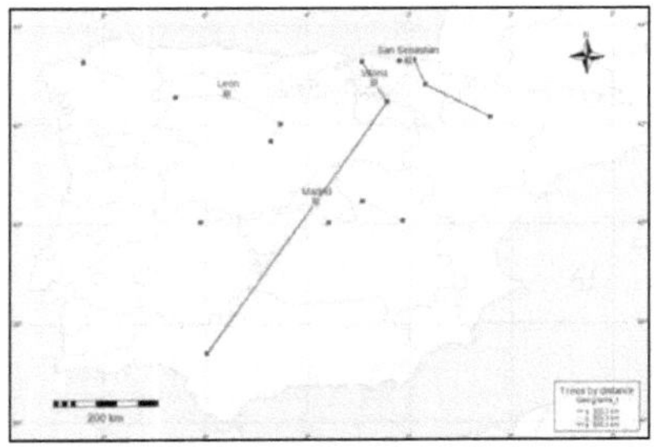

Quelle: eigene Darstellung mit District/RegioGraph

Abb. 4.14: Baumdarstellung

4.4 Darstellung in 3D

Der Möglichkeiten, Daten als dreidimensionale Objekte darzustellen, kommt immer größere Bedeutung zu. Diese Art der Visualisierung erhöht die Aussagefähigkeit einer Karte, wenn ein Gebiet anhand der Überhöhung dargestellt werden soll. District/RegioGraph stellt zwei verschiedene Möglichkeiten im 3D-Raum zur Verfügung. Dabei werden die Daten durch Gitternetzlinien oder durch die Überlagerung von Flächenschichten aus der Ebene herausgehoben.

4.4.1 Prismendarstellung

Die Visualisierung im dreidimensionalen Raum erfolgt bei der Prismendarstellung durch die Überlagerung von Flächen. Dabei werden die einzelnen Werte eines Flächenlayers in Kategorien eingeteilt. Für jede Kategorie wird das Flächenobjekt, deren Werte in der jeweilige Kategorie liegen mit seiner eigenen Fläche, in benutzerdefinierter Höhe überlagert. Als Ergebnis entsteht eine Darstellung, die für jede Kategorie eine anders farbige Schicht darstellt. Die Überlagerung der Fläche endet, sobald die Einteilungsgrenze des jeweiligen Flächenwertes erreicht ist. In der Schrägansicht der Landkarte gibt die Höhe des Wertes die Höhe des Gebietes wieder.

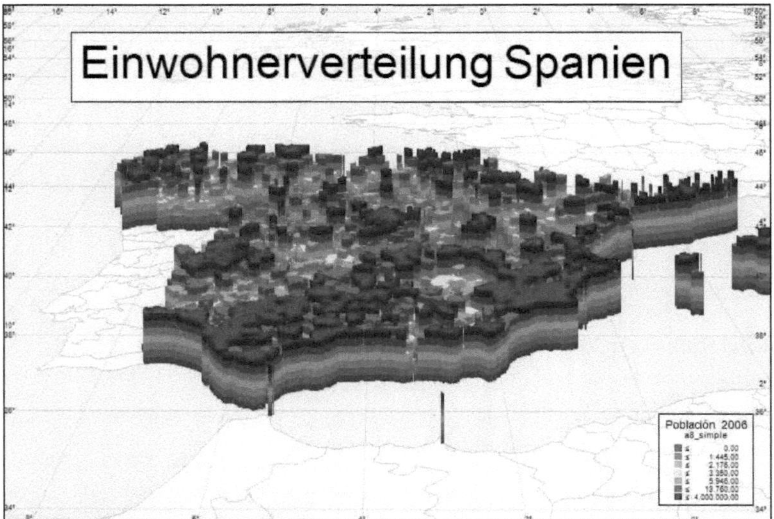

Quelle: eigene Darstellung mit District/RegioGraph

Abb. 4.15: Einwohnerverteilung als 3D-Prismadarstellung

Geeignet ist diese Darstellung für regionalstatistische Daten, wie zum Beispiel die Bevölkerungsverteilung oder die Darstellung von Umsätzen.

4.4.2 Griddarstellung

Die numerischen Daten eines Flächenlayers werden auf ein regelmäßiges Raster projiziert. Dies kann dann in einer 3D-Landschaft dargestellt werden. Zur Realisierung dieser Analyse können grundsätzlich zwei verschieden Verfahren angewendet werden.

Bei der ersten Variante handelt es sich um das Petrovsky-Verfahren, welches die Werte eines Gebietes oder einer Fläche anteilig auf die darauf liegenden Zellen verteilt. Diese Methode eignet sich gut für Einwohnerzahlen, also wenn der Wert durch Kumulieren über die gesamte Fläche entstanden ist. Dadurch wird der Wert eines großen Gebietes auf viele Zellen aufgeteilt, die jeweils einen kleinen Anteil erhalten.

Die zweite Variante bietet sich durch das Hauptwert-Verfahren. Es übernimmt den Wert eines Gebietes oder einer Fläche auf alle darauf liegenden Zellen. Eine Anwendungsmöglichkeit dieses Verfahren ist zum Beispiel die Bevölkerungsverteilung.

Bei der Verwendung von Punktlayern werden in einer Zelle mehrere Objekte dargestellt im Gegensatz zu Flächenlayern, bei denen ein Objekt über mehrere Zellen gehen kann. Über die Einstellung der Höhe und des Glättungsfaktors kann die Darstellung optimiert werden.

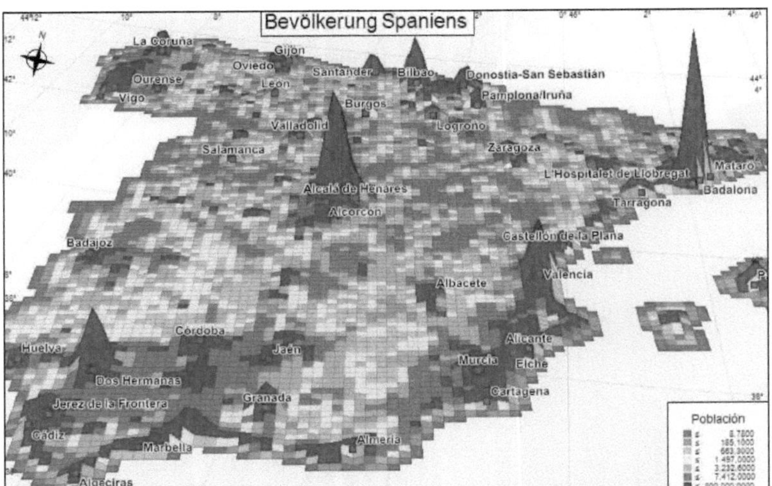

Quelle: eigene Darstellung mit District/RegioGraph

Abb. 4.16: Einwohnerverteilung als 3D-Griddarstellung

4.5 Zusammenfassung

District/Regiograph verfügt über 100 verschiedene Analysevarianten und Darstellungsformen für raumbezogen Daten. Diese ermöglichen es, auf einfache Art und Weise, Unternehmensdaten in Karten darzustellen und zu untersuchen. Die Möglichkeiten decken dabei die gesamten Anforderungen im Bereich des Geomarketings ab, welche im Kapitel 2.6 von Institut „Frauenhofer für Intelligente Analyse und Informationssysteme“ definiert wurden. Neben der bekannten kartographischen Darstellungen für thematische Karten wie Diagramme, Piktogramme, Symbole, usw. bietet District/Regiograph Varianten, die speziell auf Markt- und Unternehmensdaten zugeschnitten sind, zum Beispiel die Portfolioanalyse, ABC-Analyse, Radialanalyse oder die Baum- und Sterndarstellung.

Damit steht Unternehmen und Institutionen ein umfangreiches Werkzeug zur gezielten Untersuchung und zur professionellen Darstellung von Daten in Landkarten bereitgestellt. Aber nicht nur in Unternehmen zur Analyse von Marktdaten, sondern auch zur Erstellung von thematischen Inhalten in der Kartographie ist District/RegioGraph ein hilfreiches Werkzeug.

5. Gebiets- und Standortplanung mit District/RegioGraph

5.1 Gebietsplanung

Die Gebietsplanung lässt sich definieren als Handlungsschritte, die zur effektiven Erreichung eines Ziels notwendig sind. Wobei das Ziel, die Entwicklung eines geeigneten Territoriums für das Unternehmen darstellt.

Somit ist das Ziel der Gebietsplanung, kleinste geographische Einheiten unter Betrachtung verschiedener Kriterien zu übergeordneten Gebietseinheiten zusammenzufassen. Damit umfasst es Aufgaben, wie die Planung und Restrukturierung von Vertriebsgebieten, die Planung von Verteiler-, Tarif- und Liefergebieten. *„Sind die Vertriebsgebiete günstig geschnitten?“* oder *„Welche Optimierungen lassen sich in der bestehenden Gebieststruktur erkennen?“*, sind typische Fragestellungen die sich daraus ergeben.
Mit geringem Aufwand lassen sich so Verbesserungen in der regionalen Struktur erzielen, was zum Teil zu erheblichen Verbesserungen in Umsatz, Vertriebskosten und Kundengewinnung führt. Somit bildet die Gebietsplanung das Bindeglied zwischen Kunden und Unternehmen.

Die GfK GeoMarketing definiert für die Gebietsplanung 5 verschiedene Phasen, die von der Analyse der Ist-Situation über die Zieldefinition, die planerische Umsetzung, die Kontrolle und Feinabstimmung bis zur Umsetzung der Neustrukturierung reichen.

In District/RegioGraph können diese einzelnen Phasen mit den unterschiedlichen Analysewerkzeugen umgesetzt werden. Das Programm stellt speziell für die Gebietsplanung Werkzeuge zur Verfügung, die es ermöglichen neue Gebietsstrukturen zu erzeugen oder bestehende zu optimieren.
Über die Funktion der Aggregation können neue Gebiete erzeugt werden, welche durch wiederholte Aggregation eine Gebietshierarchie bilden. Änderungen dieser Gebietsstruktur und/oder der Daten werden dynamisch auf allen Gebietsebenen übernommen.

Bei der Gebietsoptimierung werden Kunden und die mit ihnen verbundenen Verkaufsaktivitäten zu Gebieten und damit zu Vertriebsmitarbeitern zugeordnet bzw. ausbalanciert. Dabei können Parameter wie geographische Hindernisse, Erreichbarkeit, übergeordnete Gebietsgrenzen oder Gebietsgewichtungen berücksichtigt werden.

5.2 Standortplanung

Unternehmen befassen sich mit der Suche nach einem geeigneten Standort unter Berücksichtigung der Fragestellung nach dem „Wie?", „Wie viel?" und „Wann?" muss investiert werden. Somit ist die Standortplanung ist eines der ältesten Problemstellungen, mit dem Ziel der Distributionsoptimierung und der Kosteneinsparung. Eventuelle Fehlentscheidungen in der Standortwahl können zu finanziellen Einbußen führen und sind oft nicht einfach zu revidieren, d. h. eine falsche Standortwahl kann die Existenz kosten.

Im Vordergrund der Standortplanung steht die Bestimmung des Einzugsgebietes, die Zielgruppenanalyse, die Ermittlung der Rentabilität sowie zusätzliche Analysen des Standortumfeldes. Die Faktoren, welche für die richtige Wahl des Standortes entscheidend sind, unterteilen sich in drei Bereiche. Der erste Bereich umfasst die absatzbezogenen Faktoren, wie Absatzmarkt, Konkurrenz, Verkehrsanbindung und Rückstandsbeseitigung. Mit den Betrachtungen der Betriebsanlagen, der Arbeitsmarktbedingungen, der Energieversorgung, etc. bilden die beschaffungsseitigen Standortfaktoren den zweiten Bereich. Der dritte Teil umfasst die produktionsbezogenen Standortfaktoren, wie ökologische, technologische und soziale Bedingungen.

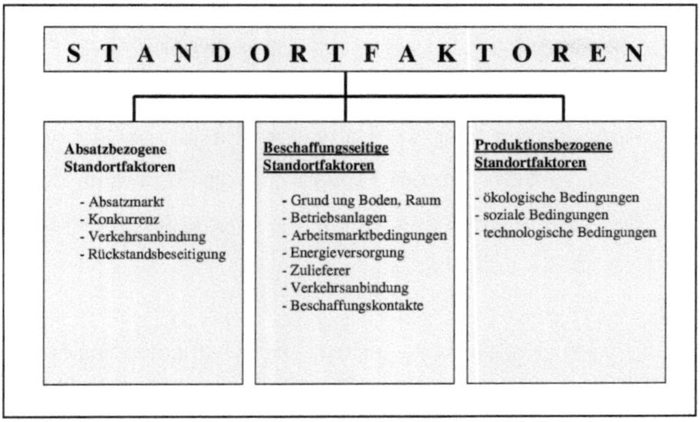

Quelle: eigene Darstellung

Abb. 5.1: Faktoren für die Standortplanung

Die Aufgabenkomplexe, welche die Faktoren der Standortplanung bilden, lassen sich in die zwei Bereiche der Standortoptimierung und der Standortsuche untergliedern.

Unter *Standortoptimierung* ist die Analyse der vorhandenen Standorte hinsichtlich ihrer angebotenen Waren und Dienstleistungen zu verstehen. Die Hauptaufgaben bilden das Sortimentscontrolling, die Sortimentsoptimierung und die Betrachtung der Sortimententwicklung anderer Filialen.

Die *Standortsuche* repräsentiert die Suche nach einem geographischen Ort zur Erzeugung und Verwertung von Produkten und Leistungen in einem bestimmten Marktsegment unter Verwendung von Konkruenzanalysen oder Umfeldfaktoren. Aber wie lässt sich ein guter Standort definieren? Die Betrachtung des eigenen Filialnetzes, der Einwohnerstruktur, der Wettbewerbssituation, der Kaufkraft sowie die Berücksichtigung der Kundenströme sind dabei von großer Bedeutung. Wichtig ist, dass die Betrachtung als Gesamtspektrum erfolgt und nicht jeder Faktor für sich einzeln, wodurch eine möglichst hohe Erkenntnisgewinnung aus allen Daten ermöglicht wird.

Durch die Konkurenzanalyse wurde für die Gründung der neuen Filiale von Geograma S.L. die Stadt Léon ermittelt, da sich dort nur wenige Firmen, welche sich mit Vermessungsaufgaben beschäftigen, befinden und keine dieser Firmen im Bereich der Kartographie tätig ist. Ein weitere Faktor, der für diesen Standort spricht, ist die Nähe zu den anderen Filialen und die Tatsache, dass durch den Standort Léon der gesamte Norden Spaniens eine gute Erreichbarkeit für alle Kunden von Gograma S.L aufweist.[24]

Die Umsetzung der Problematik erfolgt in District/RegioGraph über die verschiedenen Analysefunktionen, zum Beispiel Ermittlung der Konkurenzsituation durch Diagrammanalysen oder Klassendarstellung, die Erreichbarkeit von Kunden und Zulieferern über die Funktionen der Entfernung usw. Durch das Zusammenwirken der einzelnen Analysefunktionen stellt District/RegiGraph ein Werkzeug dar, was die Betrachtung aller relevanten Faktoren in einem Softwareprodukt ermöglicht. Somit wird gewährleistet, dass das angebotene Sortiment effizient und erfolgversprechend ist.

5.3 Berichte & Reporte erstellen

Eine wichtige Funktionalität, über welche Softwareprodukte im Geomarketing verfügen sollten, ist die Ausgabe von Berichten. Mit Berichten lassen sich die Daten schnell und ohne großen Aufwand die Daten darstellen und untersuchen.

Das Programm District/RegioGraph bietet zwei verschiedene Möglichkeiten der Berichterstellung:

Der Bericht zur *Gebietsstruktur* enthält Informationen zu den hinterlegten Daten der jeweiligen Gebiete, die geographische Ausdehnung, die Erreichbarkeit vom zugeordneten Standpunkt und die Abweichung aller Daten vom Optimum. Er wird

[24] *Vgl. Abbildung 4.12.*

vollautomatisch erstellt und als HTML oder PDF Dokument exportiert. Über Verweise der Hauptkarte im Bericht werden die jeweiligen Unterseite eines Gebietes mit weiteren detaillierten Informationen des jeweiligen Gebietes angezeigt.

Der *Statistische Bericht* wird, wie der Bericht zur Gebietsstruktur, ebenfalls als HTML-Dokument oder PDF ausgegeben. Er visualisiert ein Histogramm für alle numerischen Spalten sowie die Attributdaten mit Minimum, Maximum, Durchschnitt und Summe. In diesem Bericht werden sämtliche Attributdaten des Layers in Tabellenform ausgegeben.

Durch diese Berichte lassen sich die wichtigsten Daten mit minimalem Aufwand ausgeben. Damit ist die Erstellung der Berichte eine optimale Ergänzung zur Kartendarstellung. Sie geben einen schnellen Überblick über die wichtigsten statistischen Daten und unterstützen die Karteninterpretation und Präsentationen der Unternehmenssituation.

6. Zusammenfassung

6.1 Ergebnisse der Arbeit

Im einleitenden Kapitel werden die Fragestellungen und das Ziel dieser Arbeit formuliert. Die Schwerpunkte beziehen sich dabei auf die Visualisierung von Marktdaten in Karten mit computergestützten Analyseverfahren und Funktionalitäten der Software District/RegioGraph der Firma GfK GeoMarketing.

Im zweiten Kapitel erfolgt die Betrachtung des Geomarketing in allgemeiner Form. Geomarketing umfasst alle kundenorientierten Analysen und Planungen, die im geographischen Raum vorgenommen werden können, mit der Präsentation durch Karten, also die Verknüpfung von Daten mit Landkarten. Es ist somit ein Bestandteil der Informatik, der Betriebswirtschaftslehre, des Marketings, der Geographie und der Kartographie. Die Datenbasis für Analysen bilden raumbezogene und attributbezogene Daten, die mit einer großen Auswahl an verschiedenen Softwareprodukten visualisiert werden können. Zweifelslos spielt die schnelle Entwicklung des IT-Marktes seit den 90er Jahren eine entscheidende Rolle dabei, da diese es ermöglicht hat, Geomarketing heute in jedem Unternehmen kostengünstig und gewinnbringend einzusetzen.

Das dritte Kapitel gibt einen Überblick über die Software District/RegioGraph, welche erstmals 1991 von der Firma GfK GeoMarketing auf den Markt gebracht wurde. Konzipiert wurde diese, um Aufgaben der Gebietsplanung, der Markt- und Kundenanalyse, der Aussendienststeuerung und des Mikromarketings zu realisieren und deren wirtschaftlichen Faktor zu visualisieren. Kartographische Anforderungen werden dabei im hohen Maße erfüllt, nicht nur durch gute individuelle Bearbeitung sondern auch durch die Vielzahl der Gestaltungsmöglichkeiten. Somit ist District/RegioGraph ein Softwareprodukt für die professionelle Erstellung thematischer Karten.

Im Folgenden vierten Kapitel werden die verschiedenen Analysefunktionen untersucht, dabei sind Darstellungen mit einer Variable, mit mehreren Variablen, standortabhängige Darstellungen oder 3D Visualisierungen relevant. Je nach Anforderung und Aufgabenstellung werden Daten durch unterschiedliche

Analyseverfahren und Darstellungsvarianten untersucht und dargestellt um die vorhandene Situation optimal in einer Landkarte zu präsentieren. Die zahlreichen und vielfältigen Varianten für die Visualisierung der Attributwerte ermöglichen es, dass am besten geeignete Modell für jeden Bedarf und Zielvorgabe zu ermitteln.

Im abschließenden fünfte Kapitel folgt die Untersuchung der Standort- und Gebietsplanung, die es ermöglicht den wirtschaftlichsten Standort für die Produktion bzw. Vermarktung zu ermitteln oder die Zusammenfassung von kleinsten geographischen Einheiten zu übergeordneten Gebietseinheiten unter Betrachtung verschiedener Kriterien zu ermitteln.

6.2 Ausblick

Durch den schnellen technischen Fortschritt ist es heute möglich, personenbezogene Daten bis auf die Hausnummer genau in Karten zu visualisieren und zu analysieren. Die Unternehmen fordern immer häufiger das Wissen über den Kunden und deren Umfeld, daher ist in vielen Unternehmen bereits jetzt ein GIS-System zur betrieblichen Standardanwendung geworden. Google Earth oder 3D-Stadtmodelle bilden den den zukünftigen Markt des Geomarketings. Die ersten Umsetzungen von Geomarketinganalysen wurden diesbezüglich bereits realisiert, allerdings nur in ersten Versuchen. Schuld daran ist die karge Verfügbarkeit von Stadtmodellen und die hohe Anforderung an die Rechnerleistung.
Als kritisch ist der Datenschutz bei der Visualisierung von Marktdaten in Karten zu betrachten. Was passiert, wenn jeder, jederzeit und überall über Daten von Kunden, Unternehmen und Einrichtungen verfügen kann? Werden wir dadurch zum „gläsernen Menschen“? Und ist Geomarketing ein weiterer Schritt in diese Richtung? Oder wird Aufgrund einer Gesetzesentscheidung, im Bezug auf den Datenschutz, es zukünftig nur möglich sein Geomarktanalysen durchzuführen, die ungenau und nicht aussagekräftig sind und somit keinen Beitrag zur Wirtschaftlichkeit des Unternehmens leisten?

7. Sumario

7.1 Resultado del trabajo

La introducción explica el planteamiento de la cuestión y la intención del trabajo. Los puntos principales se refieren a la visualización de los datos del mercado en los mapas, con los métodos de análisis computerizado y qué funcionalidades y métodos de análisis del Programa District/ RegioGraph de la empresa GfK GeoMarketing hay.

En el segundo capítulo sigue la contemplación del Geomarketing en términos generales. Geomarketing incluye todos los análisis orientados al cliente y la planificación de áreas que se pueden realizar, el área geográfica y la visualización con mapas, así como la visualización de datos con mapas. Por lo tanto, es un parte de la informática, economía de la empresas, marketing, geografía y la cartografía. El contenido de los datos representa tanto datos geográficos como datos alfanuméricos, que se puede visualizar con una variedad amplia de productos de software. Dada su importancia estratégica desde los años 90 se ha desarrollado rápidamente, de modo que el Geomarketing hoy en día es rentable para las empresas.

El tercer capítulo ofrece una vista general del software District/RegioGraph que se puso en el mercado por la empresa GfK GeoMarketing la primera vez en 1991. Fue diseñado para mejorar las tareas de planificación de territorios comerciales, análisis de mercado y análisis de clientes, control de la competencia y micro-marketing. Las exigencias cartográficas se cumplen en gran medida, no solo a través de las modificaciones individuales sino también en la variedad de opciones de diseño.

En el capítulo cuatro, se repasan las diferentes funciones tanto de análisis como de representación de variables, basados en la localización y visualizaciones 3D. Depende de la demanda y las tareas se analizan las datos a diferentes métodos de análisis investigados y visualizado por la situación existente en una mejor mapa de la actualidad.

En el capítulo final es la consideración de la Planificación de ubicaciones y de territorios comerciales, que permite la ubicación más económica para la producción o comercialización, o para identificar el grupo de las más pequeñas unidades geográficas superior a la consideración de entidades bajo distintos criterios.

7.2 Prespectivas

Debido al rápido progreso técnico, ahora es posible visualizar y analizar los datos hasta en el numero de la casa en los mapas. Las empresas exigen cada vez más conocimientos sobre los clientes y su entorno. En muchas empresas un sistema SIG se ha convertido en norma. Google Earth 3D y modelos de ciudades que forman el futuro del mercado de Geomarketing. Las primeras implementaciones de Geomarketing la cual ya realizado pero sólo en los primeros ensayos. La culpa es la falta de disponibilidad de los modelos de ciudad y la alta demanda de potencia de cálculo.

Ademas de los datos de mercado es fundamental para ver su visualización de los datos del mercado en los mapas. ¿Qué pasa cuando todo el mundo, en cualquier momento y lugar tiene los datos de los clientes, las empresas y las instituciones. Vamos a ser incorporados en el "hombre de vidrio"? Puede ser Geomarketing un paso hacia esa dirección? O hay una decisión legislativa en relación a la intimidad el resultado, sólo será posible hacer por medio analisis de Geomarketing que no son significativa y, por tanto, no contribuyen a la rentabilidad de la empresa?

8. Quellenverzeichnis

8.1 Literaturverzeichnis

ANDRESS, H., HAGENAARS, A., KÜHNEL,S., 1997:
Analyse von Tabellen und kategorialen Daten,Springer Verlag

ARNBERGER, E., 1997:
Thematische Kartographie, 4.Aufl. 1997, Braunschweig

BALDERJAHN, I., 2000:
Standortmarketing: Mit Übersichten, Veröffentlicht von Lucius & Lucius

BARTELME, N., 2005:
Geoinformatik: Modelle, Strukturen, Funktionen, Springer Verlag

BERNHARDT, U. 2002:
GIS-Technologien in der New Economy: Markttransparenz durch Geoinformationssysteme, Wichmann Verlag, ISBN 3879073570

BOLLMANN, J., KOCH, W. G., 2002:
Lexikon der Kartographie und Geomatik, Spektrum Verlag

CONDE, J., LAMATA, F., MARTÍNEZ, B., GARCÍA, L., HORNO, M.,1994 :
Marketing sanitario, Ediciones Díaz de Santos

ENGELS, C., 2008:
Basiswissen Business Intelligence, Verlag: W3I GmbH

GRANDE ESTEBAN, I., ABASCAL, E., 2007:
Fundamentos y técnicas de investigación comercial , ESIC Editorial

GONSCHORREK, U., 2007:
Ganzheitliches Management, BWV Verlag

HAKE, G., GRÜNREICH, D., MENG, L., 2002:
Kartographie, de Gruyter Lehrbuch

HARTUNG, J., ELPELT, B., 2007:
Multivariate Statistik: Lehr- und Handbuch der angewandten Statistik, Wissenschaftsverlag Oldenbourg

HEBY,P., STERN,P.2007:
Standortplanung, -bewertung, und –controlling,
GRIN Verlag

HERTER/MÜHLBAUER, 2007:
Handbuch Geomarketing,
Wichmann Verlag, Heidelberg

KERTH, K., ASUM, H., NÜHRICH,K., 2008:
Die besten Strategietools in der Praxis, 3.Auflage, Hanser Verlag

LEIBERICH, P. 1997:
Business Mapping im Marketing, Wichmann Verlag, Heidelberg,

OLBRICHT, G./ QUICK, M./ SCHWEIKART J., 2002 :
Desktop Mapping: Grundlagen und Praxis in Kartographie und GIS, Springer Verlag

PEPELS, W., 2004:
Marketing: Lehr-und Handbuch, Wissenschaftsverlag Oldenbourg

RENNHAK, C., KESTING, T., 2008:
Marktsegmentierung in der deutschen Unternehmenspraxis, Gabler Verlag

SCHÜSSLER, F. , 2000:
Geomarketing, Anwendung Geographischer Informationssysteme im Einzelhandel, Tectum-Verlag Marburg

WINKELMANN, P. 2008:
Marketing und Vertrieb: Fundamente für die marktorientierte Unternehmensführung Wissenschaftsverlag, Oldenbourg

WÖHE, G., WOHLFART, G., DÖRING, U., *2005:*
Einführung in die Allgemeine Betriebswirtschaftslehre, 22. Auflage, München

8.2 Internetseiten

[1] Cartogis
http://www.cartogis.de, Zugriff am: 12.06.2009

[2] Controlling-Portal:
www.controllingportal.de, Zugriff: 30.4.2009

[3] Datenschutz, URL:
http://www.datenschutz.de/themen/?catchid=1079&score=1, Zugriff am: 13.04.2009

[4] Datenschutzzentrum, URL:
https://www.datenschutzzentrum.de/geodaten/, Zugriff am: 08.04.2009

[5]Geocodierung:
http://www.geo-codierung.de/index.php?, Zugriff am: 08.06.2009

[6] Geomarketingforum:
http://www.geomarketingforum.com, Zugriff am: 11.06.2009

[7] GfK GeoMarketing: District/RegioGraph 2009, URL:
http://www.GfK-geomarketing.de, Zugriff am 18.03.2009

[8] Globis Berlin, URL:
http://www.globis-berlin.de/de/Marktforschung, Zugriff am:25.03.2009

[9] Landesbeauftragte für Datenschutz und Informationsfreiheit NRW:
https://www.ldi.nrw.de/mainmenu_Service/submenu_Berichte/Inhalt/16_DSB/16__
Datenschutzbericht.pdf, Zugriff am: 16.04.2009

[10] Lutum+Tappert, URL:
http://www.geomarketing.de/, Zugriff am:26.03.2009

[11] Marktführer Geomarketing, URL:
http://www.marktfuehrer-geomarketing.de, Zugriff am 18.03.2009

[12] Mapinfo, URL:
http://www.mapinfo.com/products/applications/mapping-and-analytical-applications/mapinfo-professional, Zugriff am: 13.04.2009

[13] Netlaw, URL:
http://www.netlaw.de/gesetze/bdsg.htm, Zugriff am: 03.04.2009

[14] PZUC Consulting Geomarketing Dienstleistungen:
www.pzuc.de, Zugriff am: 08.06.2009

[15] Rauner, Max: Die Merkels von nebenan. ZEIT Online, URL:
http://www.zeit.de/zeit-wissen/2006/06/Geomarketing.xml, Zugriff am 15.06.2008)

[15] Regiodata: Geomarketing, URL:
http://www.regiodata.eu, Zugriff am 18.03.2009

8.4 Sonstige Quelle

[1] *Freitag, Regine; Voss, Angi; Wilkening, Jan, 2007*
Studie „Geomarketing-Software – Ein systematischer Vergleich"
Fraunhofer-Institut Intelligente Analyse- und Informationssysteme

[2] *Alejandro Guinea de Salas, 2008*
Präsentation „Geomatica2009- Representaci6n gráfica de variables de mercado"

Anhang

Anhang A: Softwareprodukte für den Bereich Geomarketing

Anhang B: Funktionsübersicht Dirstict/RegioGraph

Anhang C: Tutorial District/RegioGraph (Sprache:deutsch)

Anhang A: Softwareprodukte für den Bereich Geomarketing

Produktname	Beschreibung
RegioGraph 2009 GfK GeoMarketing GmbH	Analyse- und Planungswerkzeug für Geomarketing-aufgaben.
Filialinfo IVU Traffic Technologies AG	Geographisches Informationssystem, das Analysen der Standort-, Vertriebs- und der Konkurenzstruktur realisiert.
Map & Market PTV Planung Transport Verkehr AG	Software für geographische Analyse und strategische Planung in Vertrieb, Marketing und Außendienst.
MarktAnalyst® Infas GEOdata	Standort- und Gebietsplanungssoftware für Europäische Länder, mit kostenloser Demoversion zum Download *(http://www.marktanalyst.com)*
District Manager Lutum+Tappert DV Beratung GmbH	Planungswerkzeug um Vertriebsgebiete zu analysieren und zuzuschneiden, mit guter Integration in Microlsoft Office.
EasyMap Lutum+Tappert DV Beratung GmbH	Software, um schnell und einfach thematische Karten zu erzeugen, die Statistiken und Unternehmensdaten anschaulich machen
MAPINFO PROFESSIONAL 9.5 MAPINFO GmbH	Desktop-Lösung für das erfassen, bearbeiten, analysieren und visualisieren von Marktdaten in Kombination mit raumbezogenen Daten.
MapChart Manager MapChart GmbH	Onlinebasierte Anwendung für Geomarketinganalysen mit kostenlosen 14 Tage Testzugang.
StormGM StormConsult	Softwareprodukt mit den wichtigsten Analysefunktionen, die im Bereich Geomarketing von Bedeutung sind.
IX business PRISMA solutions	Spezialanwendung aus der Produktreihe **generation-iX**, die Anforderungen aus dem Location Management realisiert.
MapPoint 2009 Microlsoft	Enthält unter anderem die volle Funktionalität von Microsoft AutoRoute. Neben dem Softwareprodukt

	besteht die Möglichkeit, der Nutzung, des vollen Funktionsumfangs als webbasierter Service.
MAPTITUDE CALIPER	Ist eine Geografisches Informationssystem, das unter anderem die Integration mit GoogleEarth ermöglicht, sowie die Datenanbindung an globale Datenquellen.
OptiMap corda	Ist eine serverbasiert Lösung, die in 2 Versionen zur Verfügung steht. Neben dem Export in gängigen Bildformaten besteht die Möglichkeit des Exports als Flashdatei. Von der Herstellerseite besteht die Option eine Demoversion zu beziehen. (www.corda.com)
Business MAP/ Business Analyst ESRI	Business Map biete Möglichkeiten um Verkaufsgebiete darzustellen und durch Business Analyst können Marktdaten analysiert werden.
Manifold 8.0 Manifold Systems	Amerikanishes Softwareproduktt, das neben den Geomarketinganalysen ebenfalls die Möglichkeit des Geocoding bietet.

Anhang B: Funktionsübersicht District/RegioGraph 2009

Datenformat	In RegioGraph können grundsätzlich alle Daten importieren, die in Tabellenform vorliegen. Alle gängigen Formate wie: • Microsoft-Excel (*.xls) • Microsoft-Access (*.mdb) • Textdateien (*.txt, *.csv, *.asc) • DBase (*.dbf) • Tabellen von ODBC-Datenbankschnittstellen • Tabellen aus der Windows-Zwischenablage
Geografische Referenz	Als geografische Referenz ist es ausreichend, dass eine Tabellenspalte etwa die Postleitzahl, einen Gemeindenamen oder die amtliche Kreiskennziffer enthält. Ebenfalls ist es möglich, Daten mit Hilfe der geografischen Koordinaten (Längen- und Breitengrad) zu importieren. <u>Zusätzlich in der Version RegioGraph Planung verfügbar:</u> In RegioGraph Planung können Adressen auch über die Information Straße, PLZ und Ort straßenabschnittsgenau eingelesen werden.
Datenmenge	Die Menge der importierbaren Datenzeilen ist prinzipiell unbegrenzt und wird lediglich durch die vorhandenen Hardwareressourcen (Arbeitsspeicher) eingeschränkt.
Import-Assistant	Ein Datenimport-Assistent führt zielsicher und Schritt für Schritt zum erfolgreichen Datenimport.
Kartenbibliothek	RegioGraph ist mit einer vollständigen Landkartenbibliothek für Deutschland, Österreich und die Schweiz ausgestattet. Weitere Länder von GfK GeoMarketing können jederzeit hinzugefügt werden.
Karten im Fremdformat	Liegen noch weitere Kartenschichten (Layer) als Dateien in anderen gängigen Formaten wie • *.mif (MapInfo) • *.shp (ESRI) • *.rx5 (GfK GeoMarketing/ GfK MACON) vor, können diese direkt – ohne Konvertierung - mit in der Landkartenbibliothek verwendet werden. Karten in Fremdformaten müssen geografische Koordinaten. **Zusätzlich in der Version RegioGraph Planung verfügbar:** Mit dem Editor ist es möglich, Raster-Kartenbilder, bzw. Bitmap-Dateien zu georeferenzieren und damit zu hinterlegen.
Datenformate	Auf den Landkarten bzw. Arbeitsblättern können eigene Bilder, Grafiken oder Firmenlogos darstellen. Alle gängigen Grafikformate, wie • *.bmp (Windows Bitmap), • *.jpg (Joint Photographics Experts Group) • *.emf (Enhanced Metafile) • *.wmf (Windows Metafile) • *.gif (Graphics Interchange Format) • *.tif (Tagged Images File) • *.png (Portable Network Graphics) können in unbegrenzter Größe importiert werden.
OLE-Objekte	RegioGraph unterstützt die OLE-Technologie. So können auf Arbeitsblättern OLE-Objekte, beispielsweise Charts und Tabellen aus MS-Office, einbinden.

Arbeitsblätter	Layer werden einfach per Drag & Drop aus der Kartenbibliothek auf ein Arbeitsblatt gelegt. Das Arbeitsblatt zeigt genau das, was man am Ende als ausgedruckte Karte erhält.
Landkartenprojektion	Bei der Kartendarstellung kann aus 18 verschiedenen weltweit ängigen Kartenprojektionen ausgewählt werden. Die Projektionen lassen sich jederzeit per Knopfdruck ändern.
Straßengenaues Suchen	Über die Gehe zu...-Funktion finden Sie straßengenau jeden Ort auf einem RegioGraph - Arbeitsblatt. Je genauer der Ort eingeben wird, desto weiter wird in die Karte gezoomt. Wenn beispielsweise „München" eintippen, erhalten man einen Kartenausschnitt der ganzen Stadt. Lautet der Suchbegriff stattdessen „München, Marienplatz", wird bis in die Innenstadt gezoomt. Diese Funktion ist standardmäßig für Deutschland, Österreich und die Schweiz integriert
Layoutelemente	Wahlweise lassen sich Layoutelemente wie • Maßstab • Nordpfeil • Geografisches Gitternetz • Objektlegende ein- oder ausblenden.
Automatische Beschriftungskontrolle	Eine automatische Beschriftungskontrolle ermöglicht das Ausund Einblenden von Beschriftungen. Die Beschriftungskontrolle blendet je nach Kartenausschnitt und eingestellter Schriftgröße die nicht darstellbaren Beschriftungen aus und schaltet diese bei veränderter Zoomstufe ggf. auch wieder zu.
Tabellenbearbeitung	Es können unbegrenzt weitere Spalten hinzufügen. Außerdem lassen sich zahlreiche Spalteneigenschaften wie • Dezimalstellen und Tausendertrennzeichen • Farben und Schriftgrößen • Spaltentitel und Spaltenbreiten • Prä- und Suffixe für die Werte einstellen.
Formelsyntax	Mithilfe einer umfangreichen Formelsyntax können in den Layertabellen Berechnungen anstellen: • Arithmetische Grundfunktionen (Summe, Quotient, etc.) • Statistische Funktionen (Mittelwert, Min/Max,Trend, etc.) • Boolesche Prüfungen (Wert ist wahr/falsch etc.) • Textfunktionen (Texte verketten, Länge ermitteln, etc.)
Geokodieren	Mit RegioGraph können Adress- und Standortlisten auf drei verschiedenen Wegen in einen Punkte-Layer einlesen: • Mit Hilfe der genauen Adresse, bestehend aus Straße, Postleitzahl und Ort. Zum straßengenauen Platzieren müssen in der Adressliste diese Informationen in drei getrennten Spalten vorliegen. • Mit Hilfe einer genauen Ortsangabe wie beispielsweise der Postleitzahl. Als geografische Referenz verwendet man also eine Spalte der Datenquelle, in der eine hinreichend genaue Ortsangabe steht. • Mit Hilfe geografischer Koordinaten.
Analysen und Darstellungen	Insgesamt stehen über 100 verschiedene Möglichkeiten zur Verfügung, um Daten in thematischen Karten zu visualisieren.
	Auf Basis des enthaltenen Tele Atlas® Straßennetzes können Isochronen, also die tatsächliche Entfernung und auch die Fahrtzeit, berechnen. So können beispielsweise jetzt auch genaue

Straßenentfernung	„Überlappungsbereiche" zwischen zwei Standorten gesondert ausgewiesen werden.
Gebiete manuell zusammenfassen	Mit RegioGraph Planung können eigene Gebietsstrukturen abbilden. Es lassen sich auch mehrstufige hierarchische Gebietsstrukturen abbilden. Die hinterlegten Daten (z.B. Kunden- und Produktumsätze, Besuchsfrequenzen) werden automatisch auf die Strukturen umgerechnet und bei Änderungen automatisch aktualisiert.
Gebiete verändern	Gebiete können per Mausklick auf der Landkarte oder in der Layertabelle zusammengefasst werden. Veränderungen sind jederzeit möglich und werden direkt auf der Landkarte sichtbar. Folgende Werkzeuge stehen für dieses Vorgehen zur Verfügung: • Herausnehmen: Einzelne oder mehrere Teilgebiete können per Drag & Drop aus einem Gebiet herausgenommen werden. • Hinzufügen: Einzelne oder mehrere Teilgebiete können per Drag & Drop zu einem Gebiet hinzugefügt werden. • Umordnen: Einzelne oder mehrere Teilgebiete können per Drag & Drop aus einem Gebiet herausgenommen und einem benachbarten Gebiet hinzugefügt werden.
Gebietsbericht	RegioGraph Planung erstellt vollautomatisch einen Bericht zur aktuellen Gebietsstruktur. Dieser Bericht verzeichnet neben einer Gebietskarte alle relevanten Informationen wie: • die hinterlegten Daten je Gebiet (beispielsweise Umsatz, Einwohner, Haushalte, etc.) • die geographische Ausdehnung (Größe, Fläche, Zusammen.-hang) • Erreichbarkeit ab dem zugeordneten Standort • die Abweichung aller Daten vom Optimum Über die Hauptkarte gelangt man über Links zur jeweiligen Unterseite eines Gebietes, in dem detaillierte Informationen hinterlegt sind.
Statistischer Bericht	Mit RegioGraph Planung können für jede Kartenebene einen statistischen Bericht erzeugen. Der Bericht verzeichnet für alle enthaltenen numerischen Spalten je eine Schaugrafik, die Angaben zu Minimum, Maximum, Durchschnitt und Summe sowie ein Histogram für die Werteverteilung.
Karteneditor	Der enthaltene Karteneditor ermöglicht das professionelle Erstellen und Bearbeiten von eigenen Kartenlayern. In einem separaten Programmmodus. So können neue Kartenebenen oder bestehende Kartengrundlagen digitalisiert werden. • Bilder und Rasterkarten einpassen • Bestehende Layer bearbeiten • Neue Kartengrundlagen erstellen • Grenzen generalisieren
Grafikexport	Exportiert wird immer das komplette Arbeitsblatt und zwar in folgende Dateiformate: • *.png (Portable Network Graphics) • *.gif (Graphics Interchange Format) • *.tif (Tagged Images File) • *.bmp (Windows Bitmap) • *.jpg (Joint Photographics Experts Group) • *.emf (Windows Enhanced Metafile) • *.pdf (Portable Document Format)
Tabellenexport	Alle Layer- und Auswahltabellen können aus RegioGraph in den Formaten • *.xls (MS-Excel) • *.txt/*.csv (Text) • *.mdb (MS-Access) • über die Windows Zwischenablage exportiert werden.

Anhang C: Tutorial District/RegioGraph 2009 (Sprache: deutsch)

TUTORIAL

District/ RegioGraph 2009

Schritt für Schritt Anleitung zum Umgang mit der Software als Ergänzung zur Diplomarbeit

Von Anja Ludewig

District/ RegioGraph ist ein Software-Produkt aus dem Hause GfK GeoMarketing und steht zur Verfügung für:

- □ Gebietsanalysen
- □ Mikromarketing
- □ Marktanalysen
- □ Kundenanalysen

I n h a l t s v e r z e i c h n i s

Kapitel 1: Grundlagen

1.1 Benutzeroberfläche

Die Benutzeroberfläche des Programms unterteilt sich in den oberen Bereich der Werkzeugleisten, den Hauptteil das „Arbeitsblatt" und in die linke Seite, mit den Fenstern der Projektverwaltung, des Karteninhaltes und die Kartenbibliothek. Die Anordnung der Fenster kann individuell angepasst werden.

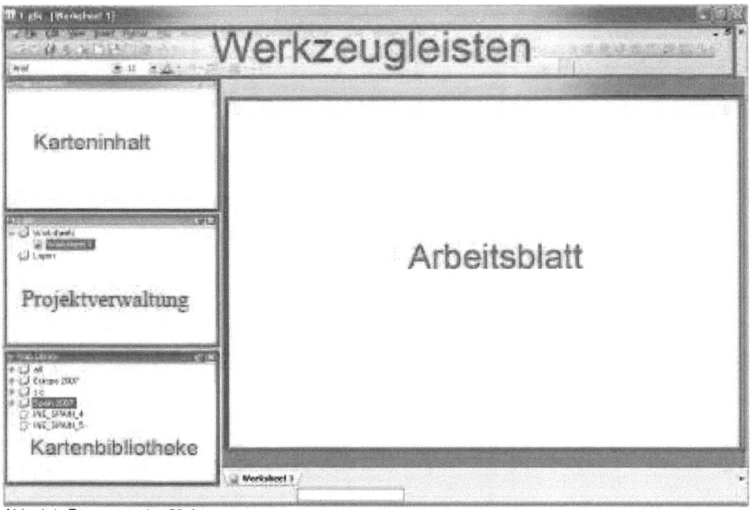

Abb. 1.1: Programmoberfläche

Das Programm verfügt über mehrere Werkzeugleisten, die den schnellen und direkten Zugriff auf die wichtigsten Funktionen erlauben, welche im weiteren Verlauf des Tutorials genauer beschrieben werden. Das Fenster Karteninhalt enthält alle im aktiven Arbeitsblatt enthaltenen Layer. Im Fenster der Projektverwaltung werden in einer Baumstruktur alle Arbeitsblätter des Projektes angezeigt, sowie die Layer, welche im Projekt enthalten sind. In diesem Fenster ist es außerdem möglich, Arbeitsblätter zu löschen, zu duplizieren, Unterordner anzulegen oder einen modifizierten Layer als Lay-Format zu exportieren. Die Kartenbibliothek verfügt über sämtliche Layer im Shape Format oder im programmeigenen Format (*.lay), die zur Verfügung stehen.

1.1. Werkzugleisten

- <u>Die Menüleiste</u>

Diese Werkzeugleiste ermöglicht den Zugriff auf alle Programmfunktionen, zum Beispiel auf die Analysefunktionen, Gebietsplanungswerkzeuge,...

Abb. 1.2 : Menüleiste

- <u>Beschriftung und Format</u>

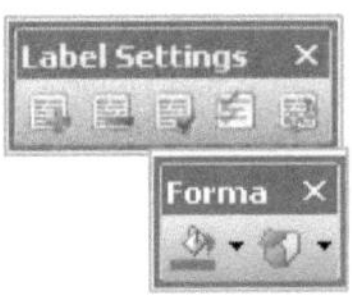

Für die schnelle und einfach Beschriftung von Regionen, Städten und anderen Kartenobjekten steht eine Werkzeugleiste bereit, die dem jeweiligen Objekt eine Beschriftung hinzufügt, entfernt oder optimal ausrichtet, ohne mit anderen Texten zu kollidieren.

Abb. 1.3: Werkzeugleiste Beschriftung & Format

Die Formatwerkzeugleiste ermöglicht das Colorieren von einzelnen selektierten Flächen oder den Daten des gesamten Flächenlayers und stellt den Schnellzugriff auf die Analysewerkzeuge bereit.

- <u>Die Gebietsplanungswerkzeuge</u>

Diese Werkzeugleiste dient zur Erzeugung von Gebieten nach individuellen Kriterien, sowie zur Erstellung von Berichten.

Abb. 1.4: Gebietsplanungswerkzeugleiste

- Die Kartenfunktionen

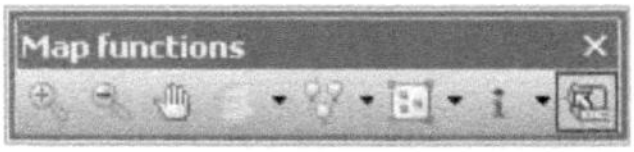

Abb.1.5: Werkzeugleiste der Kartenfunktionen

Diese Werkzugleiste verfügt über die wichtigsten Funktionen im Bezug auf die Karte, zum Beispiel herein- oder herauszoomen, Layer ein- oder ausblenden sowie ein Werkzeug zu Anzeige der Attributinformationen eines Objekts.

- Lesezeichen

Mit der Funktion des Lesezeichens wird ein Werkzeug zur Verfügung gestellt, um verschiedene Zoomstufen/Kartenausschnitte zu speichern und diese bei Bedarf wieder aufzurufen. (Vgl. Video "navigieren")

Abb. 1.6. Lesezeichen

1.2. Layer

Layertypen:

	Gebietslayer	Eine Fläche wird durch Grenzlinien in benachbarte Gebiete zerlegt.
	FLächenlayer	Dies sind flächenförmige Elemente die im Allgemeinen nicht über gemeinsame Grenzen verfügen (z.B. Seen, Waldgebiete etc.).
	Linienlayer	z.B. Flüsse, Straßen oder Eisenbahnstrecken.
	Punktlayer	Mit Punkten werden auf einer Karte z.B. Orte gekennzeichnet.
	Objektlayer	Layer mit verschiedenen Objekten (z.B.Pfeilen, Beschriftungen,...)

Eine Karte kann aus mehreren Ebenen, die jeweils aus einer Kategorie von Layern zusammengesetzt sind bestehen. Diese Layer können individuell bearbeitet und modifiziert werden. Wie zum Beispiel das Zusammenfassen von Gebieten oder das Erstellen eigener Layer.
Geographische Objekte eines Layers können in der Attributtabelle mit Daten hinterlegt werden. Dabei besitzt jedes Objekt eine eindeutige Zuordnungsnummer (ID).

1.3. Projekte und Arbeitsblätter anlegen

Ein Projekt kann aus beliebig vielen Arbeitsblättern bestehen, auf welchen ein oder mehrere Karten präsentiert werden. Neben der Landkarte können sich auf dem Arbeitsblatt Texte, Zeichnungselemente, Multimedia-Objekte oder Symbole befinden.

Ein neues Projekt erstellen:

1. Ein Neues Projekt wird beim Start des Programms angelegt, indem die Option "Neues Projekt" gewählt wird, oder über *Datei→Neues Projekt.*
2. Anschließend werden für das neue Projekt ein Verzeichnis und der Speicherort gewählt.

District/RegioGraph erstellt automatisch in der Projektverwaltung ein neues Arbeitsblatt, dabei ist die Anzahl der Arbeitsblätter pro Projekt unbegrenzt.

3. Ein neues Arbeitsblatt (eng. Worksheet) kann unter *Datei→Neues Arbeitsblatt* eingefügt werden.

Über das Kontexmenü oder durch Mausklick auf einen markierten Namen kann ein Arbeitsblatt umbenannt werden. Bei einem umfangreichen Projekt mit vielen Kartenschichten und Arbeitsblättern kann die Projektdatei einen erheblichen Umfang erreichen (z. B. 50 MB und mehr), so das entsprechend viel freier Speicherplatz benötigt wird.

Um einen Kartenlayer in das Arbeitsblatt zu übernehmen, wird mit der Maus der gewünschte Layer aus der Kartenbibliothek auf das Arbeitsblatt gezogen. Im Ordner Layer der Projektverwaltung befinden sich alle im Projekt enthaltenen Kartenlayer.

1.4. Bearbeitungsmodus

Das Programm bietet zwei verschiedene Arten von Bearbeitungsmodi: Den Landkartenmodus, der für die Landkartenbearbeitung gedacht ist und entsprechende Werkzeuge bietet, sowie den Layoutmodus, der die Einstellung der Kartengröße auf dem Arbeitsblatt und das Hinzufügen weitere Elemente wie Text oder Multimedia-Objekte ermöglicht.

Mit Doppelklick auf eine Karte im Arbeitsblatt wird der Landkartenmodus aktiviert, der durch den schraffierten Markierungsrahmen um die Karte erkennbar ist. Ebenfalls werden bei aktiviertem Landkartenmodus die Layer der aktiven Karte im Fenster des Karteninhaltes angezeigt.

Kapitel 2: Kartendarstellung

2.1. Kartengenerierung/Ausgabe

Über *Datei→Seite einrichten* werden das Seitenformat und die Seitenausrichtung des aktuellen Arbeitsblattes bestimmt.

Die Ausgabe der fertigen Karte erfolgt über *Datei→Exportieren*, dabei kann zwischen verschiedenen Formaten gewählt werden. (Vgl. Kapitel 3: Import & Export)

Das Programm bietet die Möglichkeit eine bestehende Karte in einzelne Teilkarten zu zerlegen. Dabei wird die Karte ausgewählt und über *Datei→Layout-Generator* der Layer ausgewählt, von dem die Teilkarte erstellt werden sollen. Beispielsweise lassen sich so Karten der einzelnen Bundesländer aus einer Karte des gesamten Landes erstellen. Dabei muss sich der Layer der Bundesländer ebenfalls in der Karte befinden.

Vorgehensweise:

1. Als erstes wird die Karte selektiert,
2. der Layout-Generator gestartet und
3. der Layer der Bundesländer ausgewählt.
4. Das Programm erstellt jetzt vollautomatisch für jedes Bundesland eine eigene Karte in je einem neuem Arbeitsblatt.

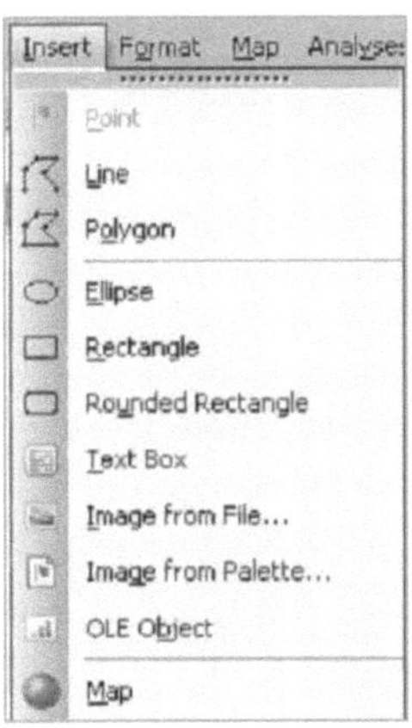

Abb. 2.1: Menü Einfügen

Die Kartengröße oder der Maßstab wird mit Rechtsklick auf die Karte unter Eigenschaften genau definiert, sowie die Einstellungen eines Kartenrahmens.

2.2 Beschriftung & Kartengestaltung

Die Beschriftung der Karte erfolgt durch die in der zugehörigen Tabelle definierten Attributwerte. Um die Beschriftung eines Layers einzublenden oder auszublenden kann die Werkzugpalette Beschriftung verwendet werden. Diese bietet die Möglichkeit, die Ausrichtung des Textes zu definieren. Ebenso verfügt das Programm über eine automatische Anpassung des Textes, damit es nicht zu Überschneidungen kommt.

vorher: **nachher:**

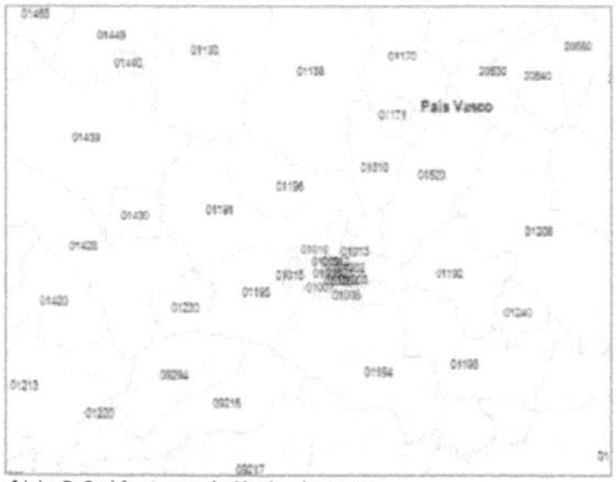

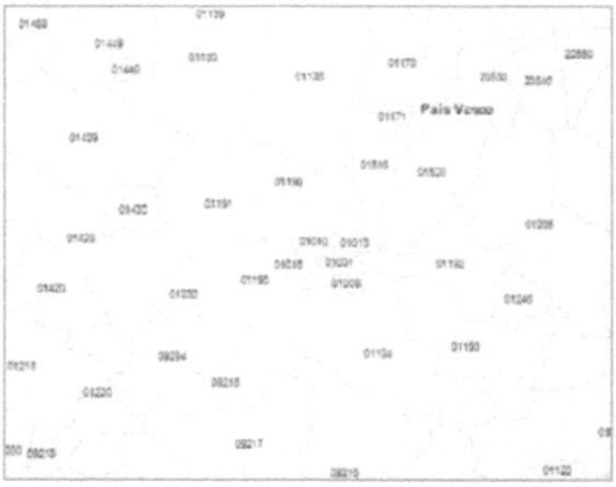

Abb.2.2: Kartenschriftplazierung

Schriftart und Schriftgröße, Schrifteffekte und -farbe können über das Menü *Format→Schrift* individuell angepasst werden.

Um Kartenelemente farbig zu gestalten bietet sich der Fülleimer in der Werkzeugpalette oder unter dem Menü *Format* an. Für Flächenobjekte stehen Einstellungen wie Transparenz, Farbverläufe, Füllfarbe, Muster zur Verfügung. Für Linienelemente kann im Menü *Format* zwischen verschiedenen Linienstilen gewählt werden oder im Kontextmenü eigene Stile definiert werden.

2.3 Legende & Maßstabsangaben

Das Programm verfügt über eine automatische Erstellung der Legende, welche über das Menü *Landkarte→Objektlegende* angezeigt und angepasst werden kann. Dabei können die einzelnen Elemente der Karte an- bzw. abgewählt werden, die in der Legende dargestellt werden sollen.

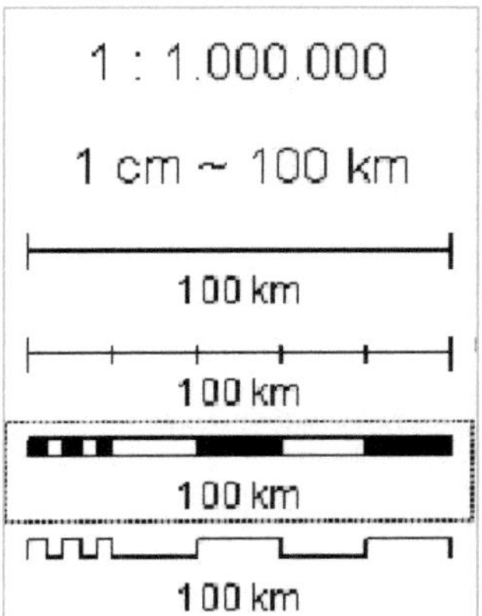

Abb. 2.3: Maßstabsdarstellungen

Das Menü für die automatische Erzeugung des Maßstabs befindet sich unter dem Menü *Landkarte→Maßstabs*.
Bei der Änderung der Zoomstufe in der Karte, wird automatisch die Maßstabsleiste angepasst.

Das Programm bietet mehrere Möglichkeiten für die Darstellung (vgl. Abb. links), ebenso kann die Maßeinheit zwischen Kilometern, Metern, Meilen, Yards und Fuss gewählt werden.

Farbeinstellungen und Formatierung der Schrift können ebenfalls individuell definiert werden.

2.4. Weitere Kartenelemente

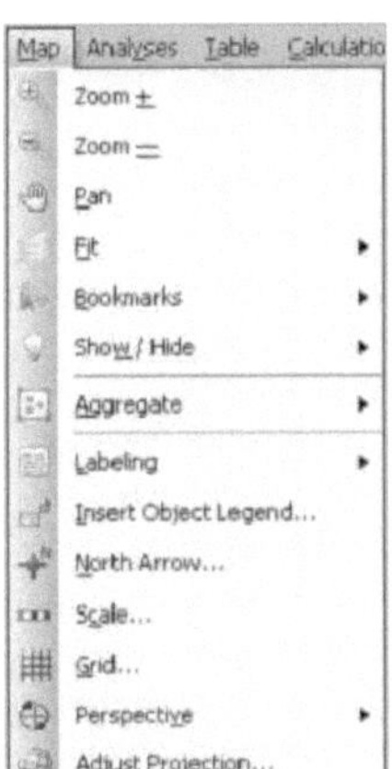

Das Menü *Landkarte* bietet Möglichkeiten, um die Karte individuell mit geografischen Orientierungshilfen zu gestalten.

- Nordpfeil: Erzeugung einen Nordpfeils mit einer Auswahl aus verschiedenen gegeben Darstellungen.
- Gitternetz: Darstellung des Gitternetzes in der Karte, mit benutzerdefinierten Angaben über die Abstände der Gitternetzlinien sowie deren Beschriftung.

- Perspektive: Einstellung einer geeigneten Perspektive der Karte bis hin zu Schrägdarstellungen für dreidimensionale Datenpräsentationen.
- Projektion: Einstellung der gewünschten Kartenprojektion.

2.5. Grafikelemente einfügen

Zusätzlich können jedem Arbeitsblatt Punkte, Linien, Polygone, Ellipsen, Rechtecke, Texte, Bilder, Multimedia-Objekte, OLE-Element und weitere Karten hinzugefügt werden über das Menü *Einfügen*.

Um eines dieser Elemente einzufügen, wird zuerst das gewünschte Element gewählt und anschließend ein Rahmen auf dem Arbeitsblatt aufgezogen.

Beim Einfügen von Grafiken aus der Palette können Symbole hinzugefügt werden. In der Symbolpalette können die Einstellungen zu Farbe, Transparenz oder Größe getroffen werden.

2.6. Neue Layer anlegen und bearbeiten

In District/RegioGraph können neue Layer mit Punkten, Linien, Flächen oder beliebigen Objekten erstellt werden. Zum Erstellen einen neuen Layers wählt man bei aktiven Landkartenmodus im Kontextmenü des Fensters Karteninhalt die Option *„Neuer Layer“*. Über das Menü *Einfügen* können anschließend, je nach Layertyp, Elemente eingefügt werden. Nach Erstellen eines neuen Elementes wird nach der Kennung gefragt, die notwendig ist, um das erstellte Element in der Attributtabelle eindeutig zu identifizieren.

Kapitel 3: Import & Export

3.1 Datenimport

District/ RegioGraph ermöglicht den Datenimport in verschiedenen Formaten, so ist z. B. er Import aus Microsoft Office möglich. Des Weiteren ist es möglich, die zu importierenden Daten an einen bestehenden Layer anzuknüpfen oder einen neuen Layer mit den Daten zu erstellen.

Importformate:

Microsoft Excel	*.xls, *.xlsx, *.xlsb, *.xlsm
Microsoft Access	*.mdb, *.accdb
Textdaten	*.txt, *.csv, *.asc, *.tab
Dbase Tabellen	*.dbf

a) Datenimport in existierenden Layer

(Beispieldaten: .../Tutorial/daten_datos/2)

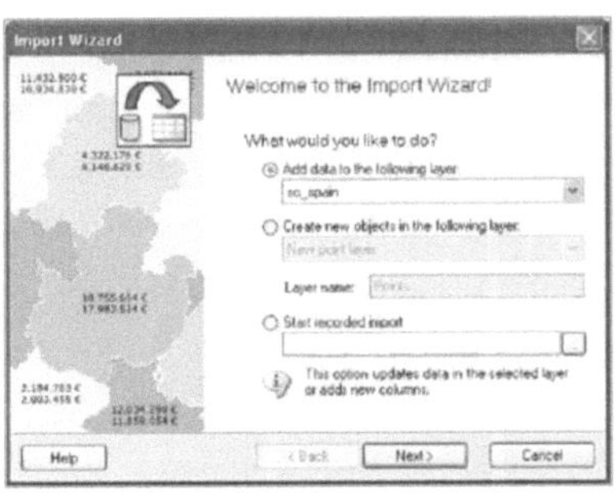

1.Erstellen eines Neuen Projektes

2. Der Layer *sc_spain.shp* wird aus der Kartenbibliotheken ausgewählt und über Drag & Drop in das Arbeitsblatt eingefügt.

Abb. 3.1: Importassistent (I)

3. Über *Datei→Importieren* den Importassistenten aufrufen und die Option *„Daten zu folgenden Layer einfügen"* wählen.

4. Der Layer, an den die Daten angebunden werden, muss ausgewählt werden.

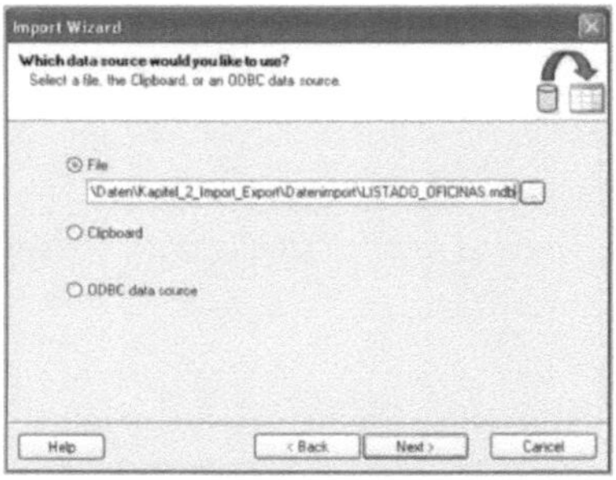

Abb. 3.2: Importassistent (II)

5. Ist der Layer gewählt, erfolgt durch Klicken auf „weiter" die Möglichkeit eine Datei zu wählen, die Daten der Zwischenablage oder Daten einer Datenbank einfügt, mit denen der Layer verknüpft werden soll (*LISTADO_OFICINAS.mdb*).

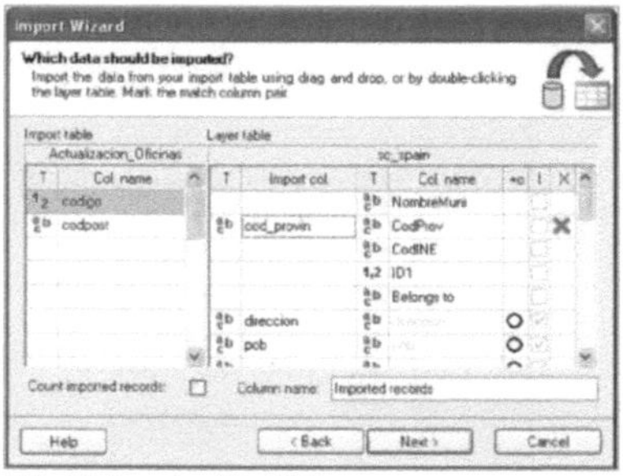

Abb. 3.3. Importassistent (III)

6. Im nachfolgenden Dialog werden die Spalten der externen Datei und des gewählten Layers angezeigt. Über Drag & Drop können so alle gewünschten Dateien an den Layer angefügt werden. Durch einen Klick in die Spalte **X** wird angegeben, was der Verknüpfungsparameter der beiden Tabellen ist. (Hier: *Zahlencode der Provincen*).

Das heißt, die zu importierende Datei muss über eine Spalte mit den gleichen Werten verfügen wie der Layer.

+/o:** mit dieser Funktion wird bestimmt, ob die neuen Daten zu den alten hinzuaddiert **(+)** oder die alten Daten überschrieben werden **(o)

*√**:** hier kann bestimmt werden, ob VOR dem Import alle Daten, welche vorher in dieser Spalte standen, gelöscht werden sollen (√) oder ob sie in der Spalte verbleiben sollen.*

7. Nach dem Importieren der Beispieldaten erscheint ein Fenster, in dem ein Datensatz enthalten ist. Dieser Datensatz konnte nicht importiert werden, da *CodProv* falsch ist.

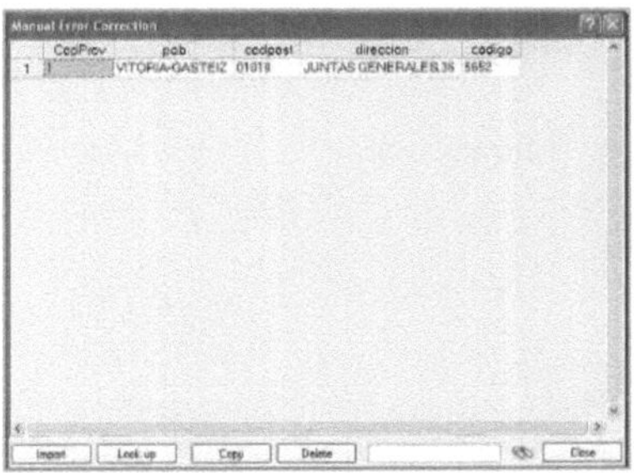

Abb. 3.4: Importasistent (IV)

8.Über Look up, kann der Datensatz manuell zugeordnet werden. Da bei diesem Beispiel der *CodProv* statt „1" „01" lauten muss, ist der Fehler schnell behoben.

<u>b) Daten als neuen Layer Importieren (Punkt oder Linien)</u>

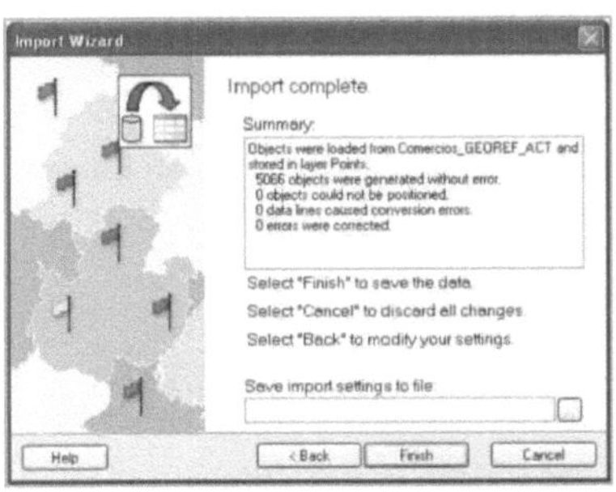

(Beispieldaten: .../Tutorial/daten_datos/2)

1.Erstellen eines Neuen Projektes

2. Der Layer *sc_spain.shp* wird aus der Kartenbibliothek ausgewählt und über Drag & Drop in das Arbeitsblatt eingefügt.

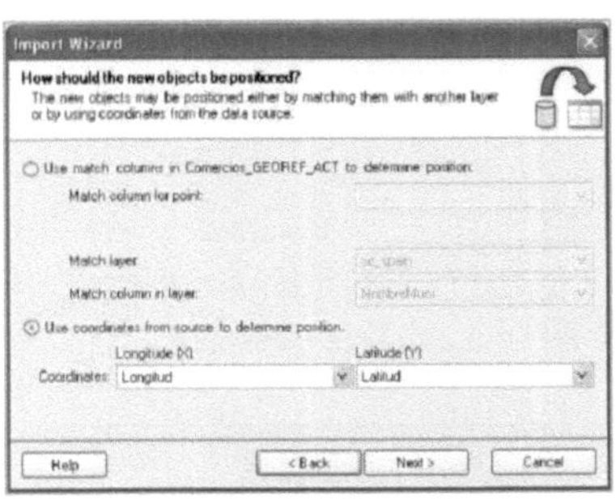

3. Über <u>*Datei→Importieren*</u> wird der Importassistent gestartet.

4. Durch Auswahl der zweiten Option und der Definition als Punktlayer mit Vergabe des Layernamens, folgt ein weiteres Auswahlmenü.

5. Hier wird gewählt, ob die zu importierenden Daten sich auf eine Position eines bestehenden Layers beziehen oder ob der Import über die Koordinaten erfolgen soll. Erfolgt der Import über Koordinaten, so müssen diese in der Tabelle vorhanden sein und hier ausgewählt werden.

6. Über den Button *weiter* erfolgt der Datenimport mit anschließendem Statusbericht, ob der Import erfolgreich war.

3.2 Datenexport

Über das Menü <u>*Datei→Export*</u> öffnet sich der Exportassistent. Im ersten Dialogfeld stehen die Optionen zur Auswahl, das Arbeitsblatt als Bild, als HTML-Dokument oder nur die Tabelle des Layers zu exportieren.

<u>Für den Export als Bild stehen die Formate:</u>

- Portable Network Graphics (PNG),
- Graphics Interchange Format (GIF),
- Tagged Image File (TIF),
- Windows Bitmap (BMP),
- Joint Photographic Experts Group (JPEG) oder
- Enhanced Metafile (EMF) zu Verfügung.

Beim Export als HTML-Dokument besteht die Möglichkeit, Verknüpfungen zu den Datentabellen als Verlinkung hinzuzufügen. Werden die Layertabellen exportiert, können die einzelnen zu exportierenden Spalten angewählt werden.

<u>Export als HTML-Dokument:</u>

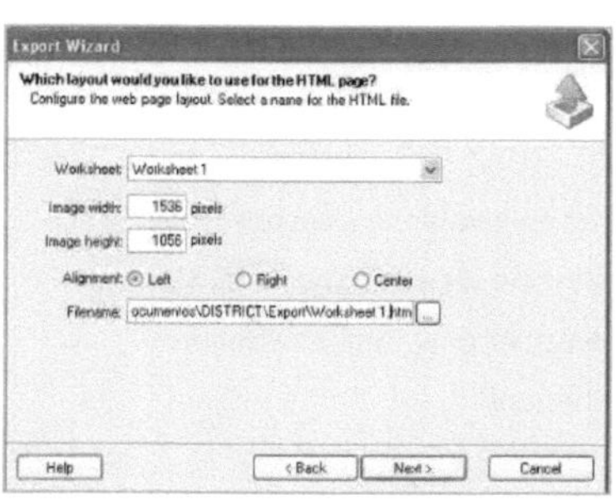

(Beispieldaten: .../Tutorial/daten_datos/2/HTML_export)

1. In einem Neuen Projekt die Shape-Files auf die Arbeitsfläche ziehen

2. <u>*Datei→Export*</u> auswählen und die zweite Option *"Ein Arbeitsblatt als HTML-Dokument speichern"*.

3. Im folgenden Dialogfenster können die Einstellungen zu Bildgröße, Ausrichtung und Speicherort getroffen werden.

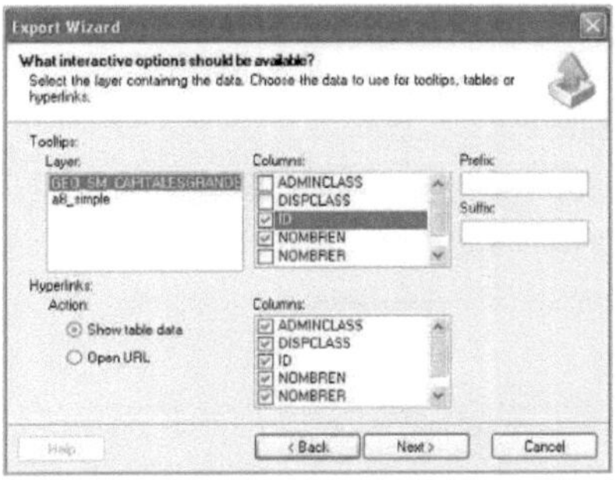

Abb. 3.7: Exportassistent (II)

4. Mit einem Klick auf „weiter" können alle Einstellungen für die Verknüpfung mit der Datentabelle getroffen werden.

5. Als Ergebnis erhält man ein HTML-Dokument, bei dem es möglich ist, durch Klick auf bestimmte Kartenelemente die Daten auszugeben.

Kapitel 4: Analysen

Über *Datei→Analyse* kann das Menü mit den verfügbaren Analysewerkzeugen aufgerufen werden. Mit dem Analyse-Assistent erfolgt die Darstellung der Daten Schritt für Schritt.

4.1 Analyse mit einer Variable

Bei der Darstellung von Themen, die nur ein Merkmal visualisieren sollen, im Bezug auf räumlichen Daten, bieten sich die Möglichkeiten der Merkmalsanalyse, der Darstellung nach Klassen, der Punktdichteanalyse oder der Darstellung mit der ABC-Analyse.

4.1.1 Merkmalsanalyse

Bei der Merkmalsanalyse werden die Daten nach verschiedenen Merkmalen und mit deren Bezug zueinander dargestellt. Das bedeutet, die Werte werden nach verschiedenen Kriterien zusammengefasst und dargestellt. Die Darstellung erfolgt dabei durch die unterschiedliche farbige Selektierung oder Signaturierung verschiedener Flächen, Linien oder Punkten.

a) Klassifizieren von administrativen Einheiten

(Beispieldaten: .../Tutorial/daten_datos/4)

1. Anlegen eines neuen Projektes mit einem Arbeitsblatt, der den Layer *admin.shp* enthält.

2. Durch Doppelklick auf die Karte den Kartenmodus aktivieren und

3. über das Menü *Analyse* die Funktion Merkmale auswählen.

4. Im Dialogfeld kann nun die Spalte der Tabelle ausgewählt werden, die Dargestellt werden soll, z.B. die Spalte *continent*

5. Über einen Doppelklick auf das Farbfeld kann eine neue Farbe für die einzelnen Elemente zugewiesen werden.

6. Im Register Legende können Einstellungen über Beschriftung, Größe und Art getroffen werden. Zum Anzeigen der Legende in der Karte muss das Häckschen bei der Option „Legende anzeigen“ gesetzt sein.

(Hinweis: mit Rechtsklick→Analyse gelangt man in das Einstellungsfenster des Analysewerkzeuges zurück)

Ergebnis:

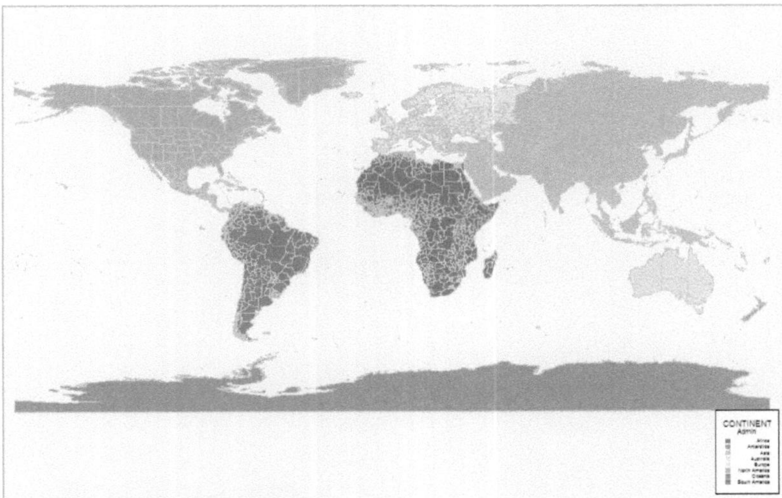

Abb. 4.1: Merkmalsanalyse mit Flächenlayer

b) Standorte visualisieren

(Beispieldaten: .../Tutorial/daten_datos/4)

1. Anlegen eines neuen Projektes mit einem Arbeitsblatt, das den Layer *admin.shp* und *Geograma.lay* enthält.

2. Durch Doppelklick auf die Karte den Kartenmodus aktivieren und

3. über das Menü Analyse die Funktion Merkmale auswählen.

4. Im Dialogfeld kann nun die Spalte der Tabelle ausgewählt werden, die dargestellt werden soll, z.B. *Kategorie*

5. Über einen Doppelklick auf das Farbfeld kann eine neue Farbe oder ein Symbol zugewiesen werden für die einzelnen Elemente. Weiterhin besteht die Möglichkeit im Fenster der Symbolauswahl durch Rechtsklick eigene Bilder einzufügen und diese als Symbol zu verwenden.

6. Im Register Legende können Einstellungen über Beschriftung, Größe und Art getroffen werden. Zum Anzeigen der Legende in der Karte muss das Häckschen bei der Option „Legende anzeigen" gesetzt sein.

(Hinweis: mit <u>Rechtsklick→Analyse</u> gelangt man zurück in das Einstellungsfenster des Analysewerkzeuges)

<u>Ergebnis:</u>

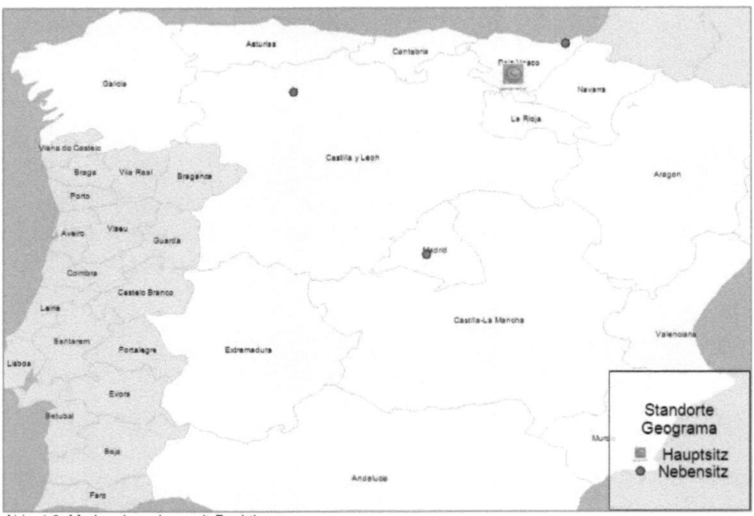

Abb. 4.2: Merkmalsanalyse mit Punktlayer

4.1.2 Klassenanalyse

Die Analyse teilt Werte eines Attributes in definierte Klassengrößen einer bestimmten Klassenanzahl ein. Dabei kann gewählt werden, ob die Werte größer, kleiner oder zwischen bestimmten Werten liegen sollen. Diese Möglichkeit bietet District/ RegioGraph 2009 für Flächen-, Strecken- und Punktlayer. Die Klassenbildung kann nach 5 Verschiedenen Varianten erfolgen: *MANUAL, EQUAL NUMMBER, EQUAL INTERVAL, STATISTICAL DISTRIBUTION, NATURAL BOUNDARIES*

(Beispieldaten: .../Tutorial/daten_datos/4)

1. Anlegen eines neuen Projektes mit einem Arbeitsblatt, das den Layer admin.shp und a8_simple.lay enthält.
2. Durch Doppelklick auf die Karte den Kartenmodus aktivieren und
3. über das Menü *Analyse* die Funktion Flächen und Linien nach Klassen auswählen.
4. Im Dialogfeld kann nun die Spalte der Tabelle ausgewählt werden, die Dargestellt werden soll, z.B. Population 2006.
5. Über einen Doppelklick auf das Farbfeld kann eine neue Farbe für die einzelnen Elemente zugewiesen werden.
6. Im Register Legende können Einstellungen über Beschriftung, Größe und Art festgelegt werden. Zum Anzeigen der Legende in der Karte muss das Häkchen bei der Option „*Legende anzeigen*" gesetzt sein.

(Hinweis: mit *Rechtsklick→Analyse* gelangt man in das Fenster des Analysewerkzeuges)

Ergebnis:

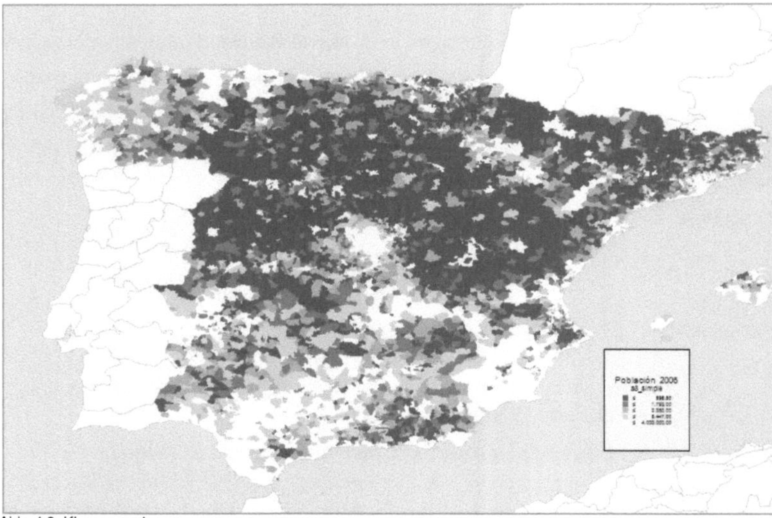

Abb. 4.3: Klassenanalyse

4.1.3 Punktdichteanalyse

Für Häufigkeitsdaten zu Gebieten- oder Flächen ist die Punktdichte-Darstellung gut geeignet. Bei der Analyse werden zählbare Massenobjekte dargestellt. Dabei entspricht jeder Punkt einer bestimmten Anzahl von Objekten oder Mengenwerten. Diese Methode eignet sich besonders gut für Massenerscheinungen, die flächenhaft ungleich verteilt sind, qualitativ darzustellen.

(Beispieldaten: .../Tutorial/daten_datos/4)

1. Anlegen eines neuen Projektes mit einem Arbeitsblatt, das den Layer admin.shp und a8_simple.lay enthält.
2. Durch Doppelklick auf die Karte den Kartenmodus aktivieren und
3. über das Menü *Analyse* Punktdichteanalyse auswählen.
4. Im Dialogfeld kann nun die Spalte der Tabelle ausgewählt werden, die dargestellt werden soll, z.B. Población extranjeros.
5. Des Weiteren kann bestimmt werden, welcher Anzahl ein Punkt entsprechen soll und die Punktgröße.

6. Im Register Legende können Einstellungen über Beschriftung, Größe und Art getroffen werden. Zum Anzeigen der Legende in der Karte muss das Häkchen bei der Option *„Legende anzeigen"* gesetzt sein.

(Hinweis: mit Rechtsklick→Analyse gelangt man zurück in das Einstellungsfenster des Analysewerkzeuges)

Ergebnis:

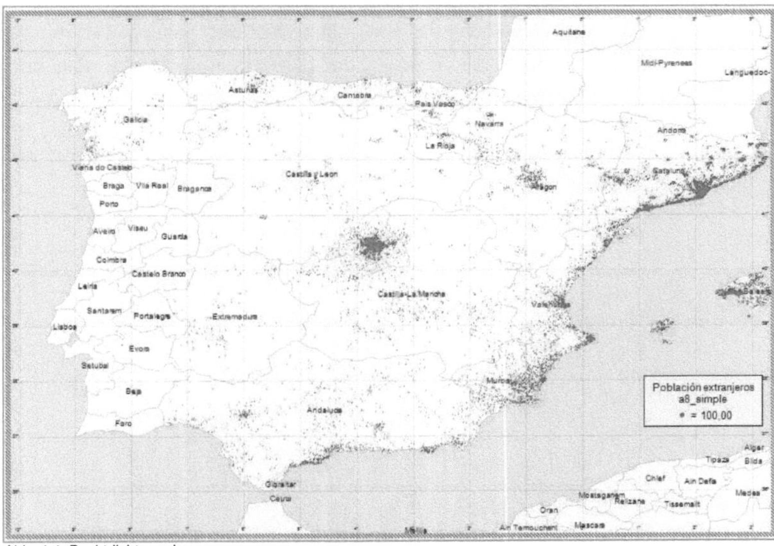

Abb. 4.4: Punktdichteanalyse

4.1.4 ABC-Analyse

Diese ist ein betriebswirtschaftliches Analyseverfahren, welches die Möglichkeit der Einteilung der Objekte in A („wichtig") bis C („weniger wichtig") unter Verwendung von Prozentwerten bietet. Mit dieser Methode ist es möglich, Rationalisierungsschwerpunkte zu setzen, die Wirtschaftlichkeit zu steigern oder auch das „Wesentliche" vom „Unwesentlichen" zu trennen. Die Einteilung ist sehr grobgliedrig und es werden dabei keine qualitativen Faktoren berücksichtigt. Zusätzlich bietet Dirstrict/ RegioGraph die Möglichkeit der Bezugnahme auf die jeweilige Region.

(Beispieldaten: .../Tutorial/daten_datos/4)

1. Anlegen eines neuen Projektes mit einem Arbeitsblatt, das den Layer admin.shp und a8_simple.lay enthält.
2. Durch Doppelklick auf die Karte den Kartenmodus aktivieren und
3. über das Menü <u>*Analyse*</u> ABC-Analyse auswählen.
4. Im Dialogfeld kann nun die Spalte der Tabelle ausgewählt werden, die dargestellt werden soll, z.B. Cuota de mercado.
5. Im Register Legende können Einstellungen über Beschriftung, Größe und Art getroffen werden. Zum Anzeigen der Legende in der Karte muss das Häkchen bei der Option „Legende anzeigen" gesetzt sein.

(Hinweis: mit <u>Rechtsklick→Analyse</u> gelangt man zurück in das Einstellungsfenster des Analysewerkzeuges)

<u>Ergebnis:</u>

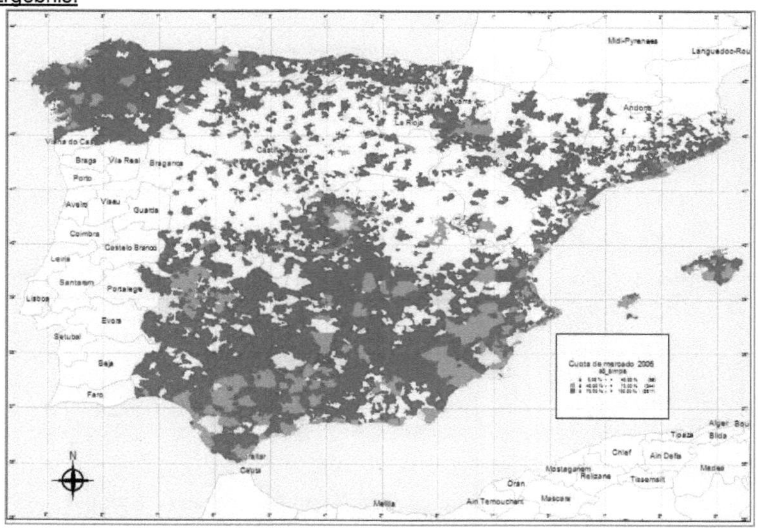

Abb. 4.5: ABC-Analyse

4.2 Darstellung mehrerer Variablen

Bei der Darstellung von Themen im Bezug mit dem Raum, die nur ein Merkmal visualisieren sollen, bieten sich verschiedene Möglichkeiten:

4.2.1 Piktogramme

Die Kartenobjekte werden als zutreffend oder nicht zutreffend gegliedert, wobei zutreffend bedeutet, dass das Objekt mit einem benutzerdefinierten Piktogramm versehen wird.

(Beispieldaten: .../Tutorial/daten_datos/ 4)

1. Anlegen eines neuen Projektes mit einem Arbeitsblatt, das den Layer admin.shp und a8_simple.lay enthält.
2. Durch Doppelklick auf die Karte den Kartenmodus aktivieren und
3. über das Menü *Analyse* Piktogramme auswählen.
4. Im Dialogfeld können nun die Spalten ausgewählt werden, die dargestellt werden soll, z.B. Busverkehr, Straßenbahn, U-Bahn.
5. Im Register Legende können Einstellungen über Beschriftung, Größe und Art getroffen werden. Zum Anzeigen der Legende in der Karte muss das Häkchen bei der Option „Legende anzeigen" gesetzt sein.

   (Hinweis: mit Rechtsklick→Analyse gelangt man zurück in das Einstellungsfenster des Analysewerkzeuges)

Ergebnis:

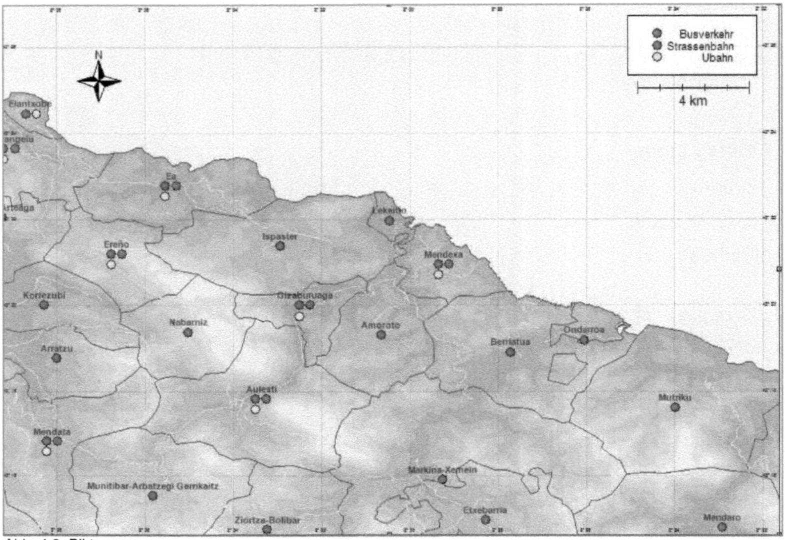

Abb. 4.6: Piktogramme

4.2.2 multidimensionale Symbole

Kartenobjekte werden gleichzeitig nach unterschiedlichen Kriterien unterschieden und durch ein Symbol mit variabler Größe, Farbe und Form wiedergegeben.

(Beispieldaten: .../Tutorial/daten_datos/4)

1. Anlegen eines neuen Projektes mit einem Arbeitsblatt, das den Layer admin.shp und geograma.lay enthält.

2. Durch Doppelklick auf die Karte den Kartenmodus aktivieren und

3. über das Menü *Analyse* multidimensionale Symbole auswählen.

4. Im Dialogfeld können nun die Spalten ausgewählt werden, die dargestellt werden soll, z.B. Kategorie, Ort, EWZ.

5. Im Register Legende können Einstellungen über Beschriftung, Größe und Art getroffen werden. Zum Anzeigen der Legende in der Karte muss das Häkchen bei der Option „Legende anzeigen" gesetzt sein.

(Hinweis: mit Rechtsklick→Analyse gelangt man zurück in das Einstellungsfenster des Analysewerkzeuges)

Ergebnis:

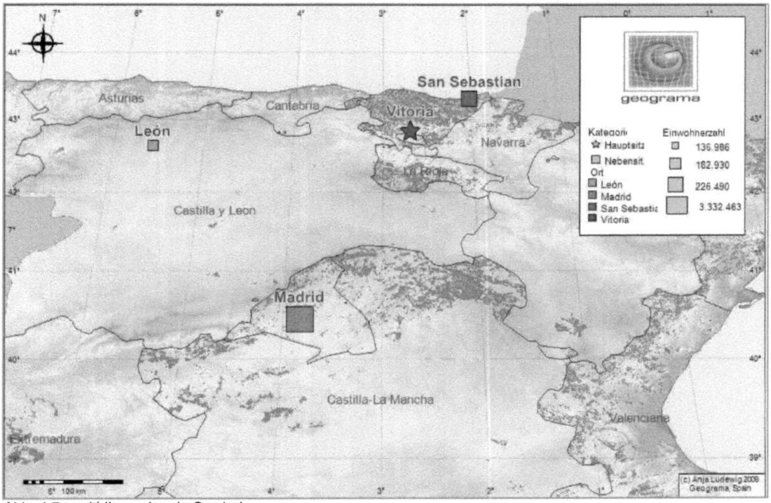

Abb. 4.7: multidimensionale Symbole

4.2.3 Diagrammdarstellungen

Diagrammdarstellungen sind graphische Mittel zur Wiedergabe quantitativer Daten, vor allem statistischer Größen. Es steht eine große Auswahl an Diagrammarten zur Verfügung, die durch verschiedene Optionen optimal genutzt werden können.

(Beispieldaten: .../Tutorial/daten_datos/ 4)

1. Anlegen eines neuen Projektes mit einem Arbeitsblatt, das den Layer admin.shp und a8_simple.lay enthält.
2. Durch Doppelklick auf die Karte den Kartenmodus aktivieren und
3. über das Menü *Analyse* Diagramme auswählen.
4. Im Dialogfeld können nun die Spalten ausgewählt werden, die dargestellt werden soll, z.B. Kategorie, Ort, EWZ.

5. Im Register Legende können Einstellungen über Beschriftung, Größe und Art getroffen werden. Zum Anzeigen der Legende in der Karte muss das Häkchen bei der Option „Legende anzeigen" gesetzt sein.

   (Hinweis: mit Rechtsklick→Analyse gelangt man zurück in das Einstellungsfenster des Analysewerkzeuges)

Ergebnis:

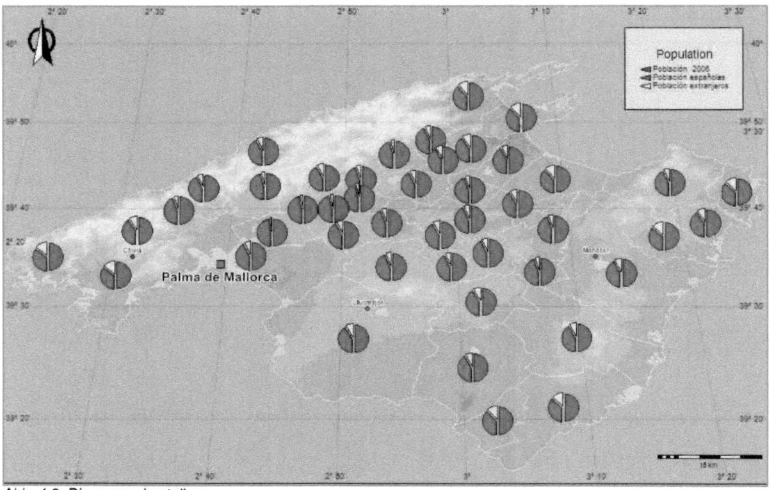

Abb. 4.8: Diagrammdarstellung

4.2.4 Portfolioanalyse

Die Portfolioanalyse steht für Flächen-, Linien- und Punktlayer zur Verfügung, dabei können zwei Merkmalsausprägungnen gleichzeitig dargestellt werden. Die Symbol-Variante der Portfolio-Darstellung eignet sich für alle Layertypen. Ihre Besonderheit gegenüber dem Standard-Portfolio besteht darin, dass den Matrixzellen Symbole zugewiesen werden, die in Form, Farbe und Größe variieren können.

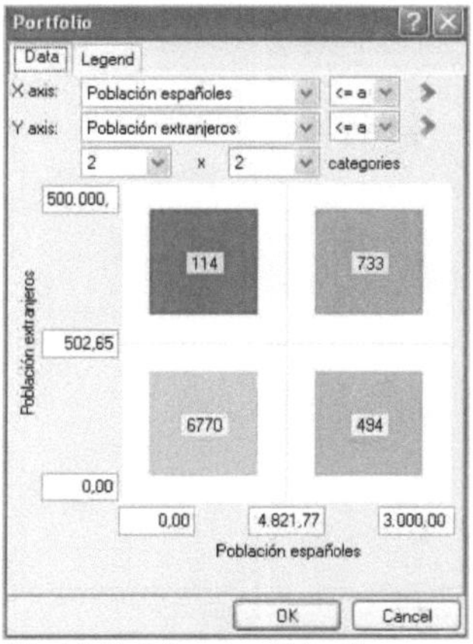

Abb. 4.9: Portfolioanalyse Dialog (|)

1. Anlegen eines neuen Projektes mit einem Arbeitsblatt, das den Layer admin.shp und a8_simple.lay enthält.
2. Durch Doppelklick auf die Karte den Kartenmodus aktivieren und
3. über das Menü <u>*Analyse*</u> Portfolio oder Symbol Portfolio wählen.

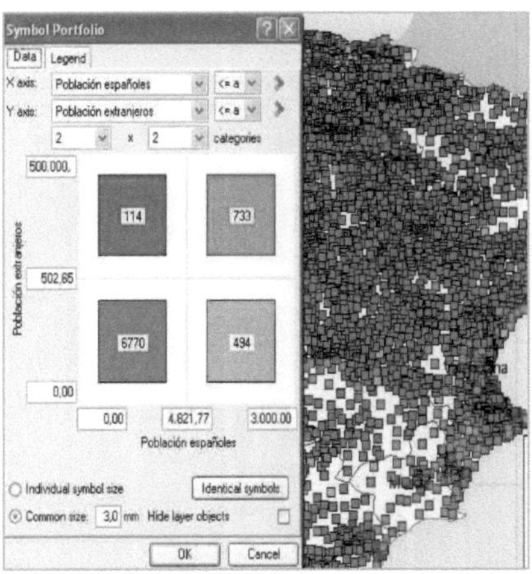

Abb. 4.10: Portfolioanalyse Dialog (|)

4. Im Dialogfeld können nun die Spalten ausgewählt werden, die dargestellt werden soll, z.B. Population extranjeros und Population españoles.
5. Im Register Legende können Einstellungen über Beschriftung, Größe und Art getroffen werden. Zum Anzeigen der Legende in der Karte muss das Häkchen bei der Option „Legende anzeigen" gesetzt sein.

(Hinweis: mit <u>Rechtsklick→Analyse</u> gelangt man zurück in das Einstellungsfenster des Analysewerkzeuges)

Ergebnis:

Abb. 4.11: Portfolioanalyse

4.3. Standortabhängige Darstellung

4.3.1 Entfernung zu Standorten

Ist eine entfernungsabhängige Darstellung, bezogen auf einen Standort, in Kilometerzonen.

Entfernung zum nächsten Standort

(Beispieldaten: .../Tutorial/daten_datos/ 4)

1. Anlegen eines neuen Projektes mit einem Arbeitsblatt, das den Layer Geograma.lay und a8_simple.lay enthält.

2. Durch Doppelklick auf die Karte den Kartenmodus aktivieren und

3. über das Menü *Analyse* Entfernung zum nächsten Standort auswählen.

4. Im Dialogfeld kann nun der Standort ausgewählt werden, der dargestellt werden soll, z.B. Geograma.

5. Im Register Legende können Einstellungen über Beschriftung, Größe und Art getroffen werden. Zum Anzeigen der Legende in der Karte muss das Häkchen bei der Option „Legende anzeigen“ gesetzt sein.

(Hinweis: mit Rechtsklick→Analyse gelangt man zurück in das Einstellungsfenster des Analysewerkzeuges)

Ergebnis:

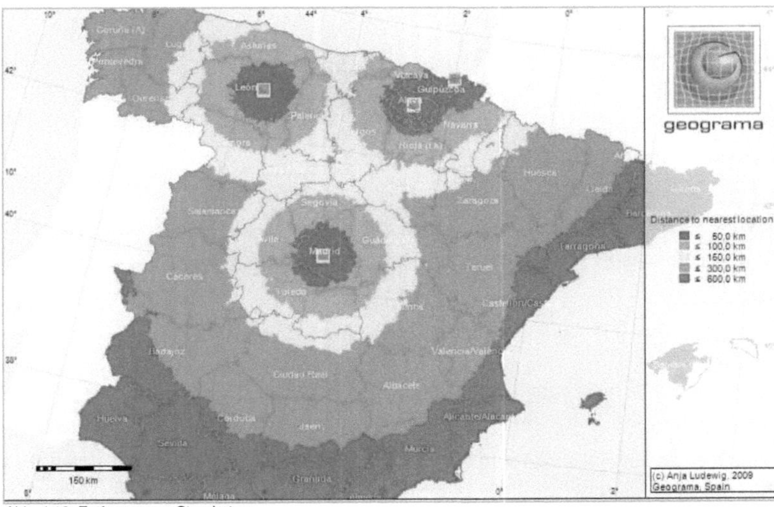

Abb. 4.12: Entfernung zu Standorten

Entfernung zum zugeordneten Standort

Ist eine entfernungsabhängige Darstellung, bezogen auf einen zugeordneten Standort, in Kilometerzonen.

(Beispieldaten: .../Tutorial/daten_datos/ 4)

1. Anlegen eines neuen Projektes mit einem Arbeitsblatt, das den Layer Geograma.lay und a8_simple.lay enthält.

2. Durch Doppelklick auf die Karte den Kartenmodus aktivieren und

3. über das Menü *Analyse* Entfernung zum zugeordneten Standort wählen.

4. Im Dialogfeld kann nun der Standort ausgewählt werden, der dargestellt werden soll, z.B. *Geograma.*

5. Im Register Legende können Einstellungen über Beschriftung, Größe und Art getroffen werden. Zum Anzeigen der Legende in der Karte muss das Häkchen bei der Option „Legende anzeigen" gesetzt sein.

(Hinweis: mit Rechtsklick→Analyse gelangt man zurück in das Einstellungsfenster des Analysewerkzeuges)

4.3.2 Radialanalyse

Durch definierte Radien um einen bestimmten Standort kann nach bestimmten Kriterien auf Grundlage von Prozentsätzen die Karte visualisiert werden. Zusätzlich kann diese Funktion in Abhängigkeit einer Region erfolgen in der Regionalen Radialanalyse.

(Beispieldaten: .../Tutorial/daten_datos/ 4)

1. Anlegen eines neuen Projektes mit einem Arbeitsblatt, das den Layer Geograma.lay und a8_simple.lay enthält.

2. Durch Doppelklick auf die Karte den Kartenmodus aktivieren und

3. über das Menü *Analyse* Radialanalyse oder Regionale Radialanalyse auswählen.

4. Im Dialogfeld kann nun der Standort ausgewählt werden, der dargestellt werden soll, z.B. population.

5. Im Register Legende können Einstellungen über Beschriftung, Größe und Art getroffen werden. Zum Anzeigen der Legende in der Karte muss das Häkchen bei der Option „Legende anzeigen" gesetzt sein.

(Hinweis: mit Rechtsklick→Analyse gelangt man zurück in das Einstellungsfenster des Analysewerkzeuges)

Ergebnis:

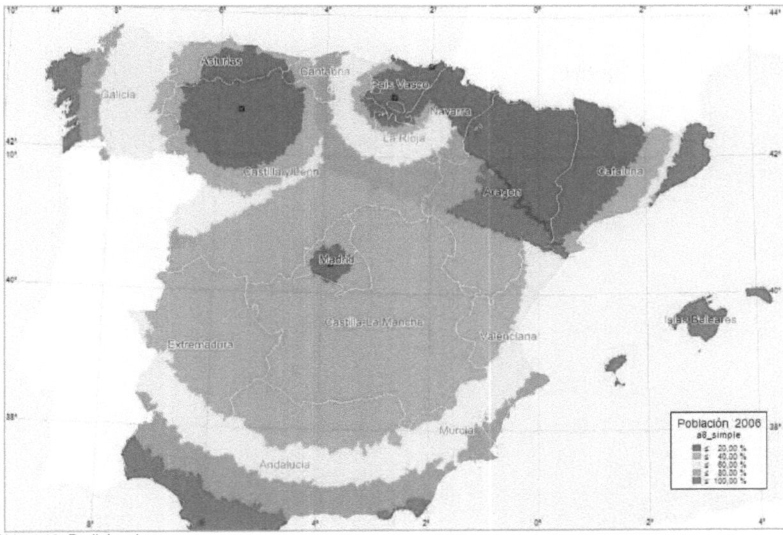

Abb. 4.13: Radialanalyse

4.3.3 Sterndarstellung

Für die Sternanalyse werden zwei Punktelayer benötigt, die jeweils zumindest eine identische Spalte enthalten, z.B. den Namen der Standorte, der dann bei den jeweils dazugehörigen Kunden auch auftaucht.

Abb. 4.14: Dialog Sterndarsteelung (I)

1. Anlegen eines neuen Projektes mit einem Arbeitsblatt, das den Layer *Geograma.lay* und *geograma_t.lay* enthält.

2. Durch Doppelklick auf die Karte den Kartenmodus aktivieren und

3. über das Menü Analyse Sternanalyse nach Merkmalen oder nach Entfernung auswählen.

4. Im Dialogfeld können wird nun die der Layer *Geograma.lay* gewählt und die Spalte ID auf der linken Seite markiert und in der rechten Spalte, des Layers *Geograma_t* wird die Spalte Geograma_t selektiert.

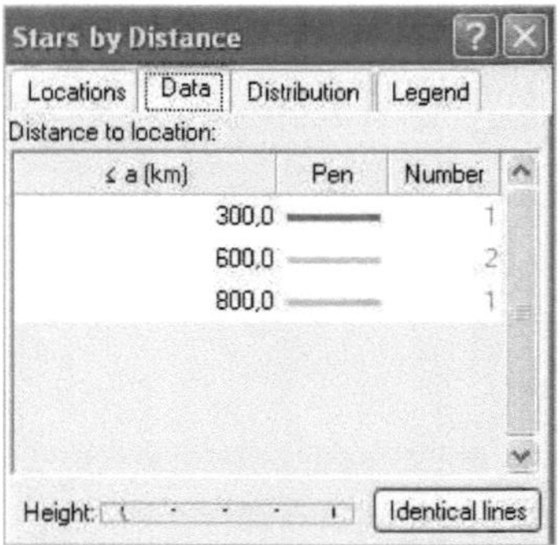

Abb. 4.15: Dialog Sterndarstellung (II)

5. Im Register Legende können Einstellungen über Beschriftung, Größe und Art getroffen werden. Zum Anzeigen der Legende in der Karte muss das Häkchen bei der Option „Legende anzeigen" gesetzt sein.

(Hinweis: mit Rechtsklick→Analyse gelangt man zurück in das Einstellungsfenster des Analysewerkzeuges)

Ergebnis:

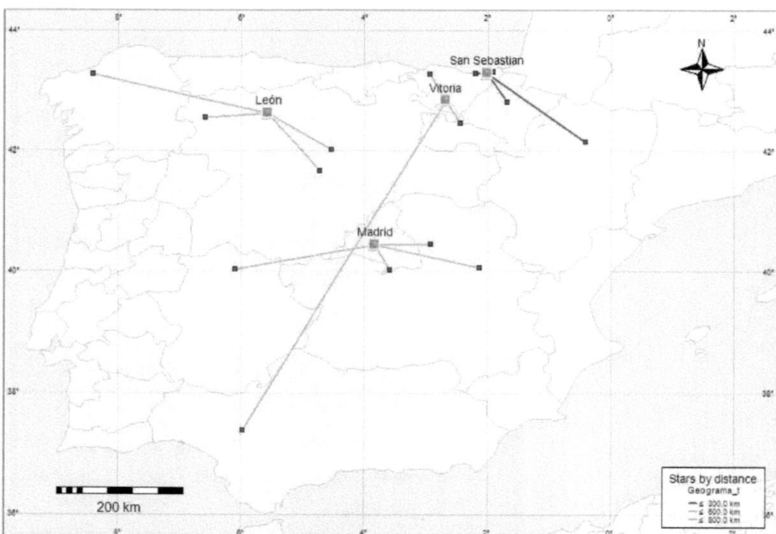

Abb. 4.16: Sterndarstellung

Sterne zeigen, welche Kunden sich um welchen Standort orientieren – also quasi das Einzugsgebiet eines Standortes. Interessant wird es, wenn sich Sternstrahlen überlappen. Mit Bäumen lassen sich – nach demselben Prinzip wie bei den Sternen – jeweils die von der Luftlinie zueinander nächstgelegenen Standorte verbinden.

4.3.4 Baumdarstellung

Für die Baumanalyse werden zwei Punktelayer benötigt, die jeweils zumindest eine identische Spalte enthalten, z.B. den Namen der Standorte, der dann bei den jeweils dazugehörigen Kunden auch auftaucht.

1. Anlegen eines neuen Projektes mit einem Arbeitsblatt, das den Layer *Geograma.lay* und *geograma_t.lay* enthält.

Abb. 4.17: Dialog Baumdarstellung (I)

2. Durch Doppelklick auf die Karte den Kartenmodus aktivieren und
3. über das Menü <u>*Analyse*</u> Baumanalyse nach Merkmalen oder nach Entfernung auswählen.
4. Im Dialogfeld können wird nun die der Layer Geograma.lay gewählt und die Spalte ID markiert auf der linken Seite. in der rechten Spalte, des Layers Geograma_t wird die Spalte Geograma_t selektiert.

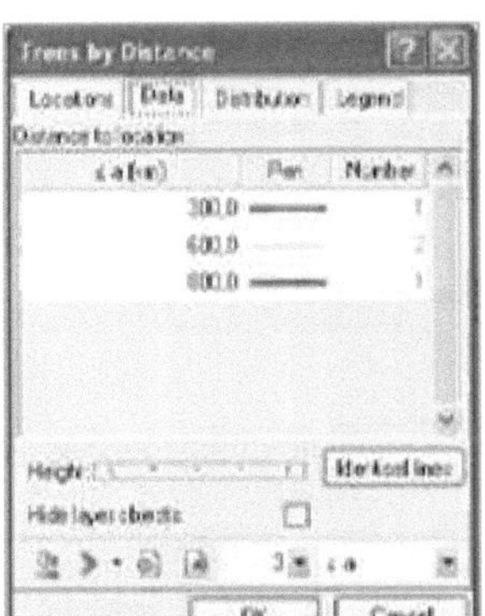

5. Im Register Legende können Einstellungen über Beschriftung, Größe und Art getroffen werden. Zum Anzeigen der Legende in der Karte muss das Häkchen bei der Option „Legende anzeigen“ gesetzt sein.

(Hinweis: mit Rechtsklick→Analyse gelangt man zurück in das Einstellungsfenster des Analysewerkzeuges)

Ergebnis:

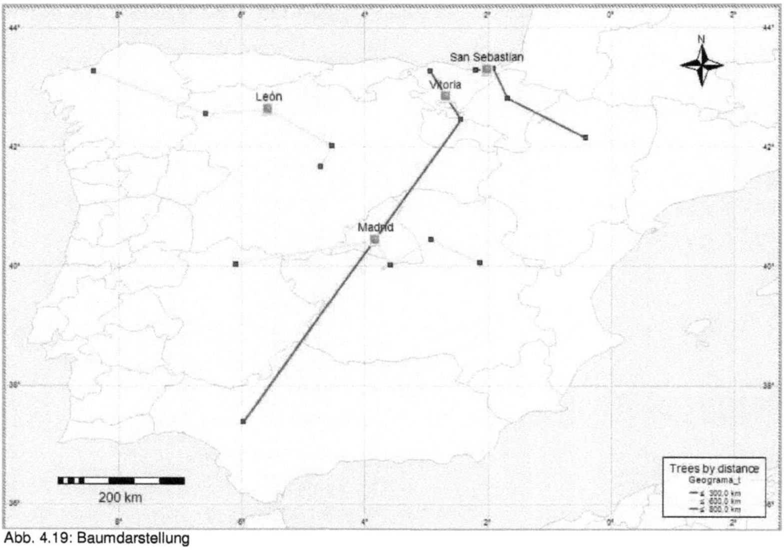

Abb. 4.19: Baumdarstellung

Mit Bäumen lassen sich – nach demselben Prinzip wie bei den Sternen – jeweils die von der Luftlinie zueinander nächstgelegenen Standorte verbinden.

4.4. Darstellung in 3D

4.4.1 3D-Prismen

In der Schrägansicht der Karte wird die „Höhe" des Gebietes bzw. die Höhe des Wertes wieder gegeben.

(Beispieldaten: .../Tutorial/daten_datos/ 4)

1. Anlegen eines neuen Projektes mit einem Arbeitsblatt, das den Layer *Geograma.lay* und *a8_simple.lay* enthält.

2. Durch Doppelklick auf die Karte den Kartenmodus aktivieren und

3. über das Menü *Analyse* Entfernung zum nächsten Standort wählen.

4. Im Dialogfeld kann nun der Standort ausgewählt werden, die dargestellt werden soll, z.B. Geograma.

5. Im Register Legende können Einstellungen über Beschriftung, Größe und Art getroffen werden. Zum Anzeigen der Legende in der Karte muss das Häkchen bei der Option „Legende anzeigen" gesetzt sein.

(Hinweis: mit Rechtsklick→Analyse gelangt man zurück in das Einstellungsfenster des Analysewerkzeuges)

Ergebnis:

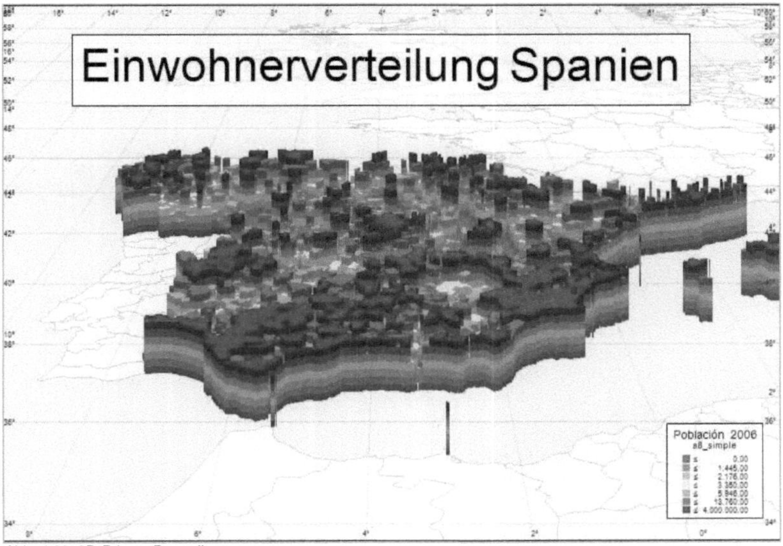

Abb. 4.20: 3D-Prisma Darstellung

4.4.2 3D-Gitternetzdarstellung

Die numerischen Werte eines Flächenlayers werden auf ein regelmäßiges Raster projiziert. Dies kann dann in einer 3D-Landschaft dargestellt werden. Dabei werden verschiedene Berechnungsverfahren angewendet. Beim Hauptwert-Verfahren wird der Wert einer Fläche oder eines Gebietes von allen darauf liegenden Zellen übernommen. Beim Petrovskii-Verfahren wird der Wert anteilig auf die darauf liegende Zelle verteilt.

(Beispieldaten: .../Tutorial/daten_datos/ 4)

1. Anlegen eines neuen Projektes mit einem Arbeitsblatt, das den Layer *Geograma.lay* und *a8_simple.lay* enthält.

2. Durch Doppelklick auf die Karte den Kartenmodus aktivieren und

3. über das Menü *Analyse* Entfernung zum Nächsten Standort auswählen.

4. Im Dialogfeld kann nun der Standort ausgewählt werden, die dargestellt werden soll, z.B. *Geograma.*

5. Im Register Legende können Einstellungen über Beschriftung, Größe und Art getroffen werden. Zum Anzeigen der Legende in der Karte muss das Häkchen bei der Option „Legende anzeigen" gesetzt sein.

(Hinweis: mit Rechtsklick→Analyse gelangt man zurück in das Einstellungsfenster des Analysewerkzeuges)

Ergebnis:

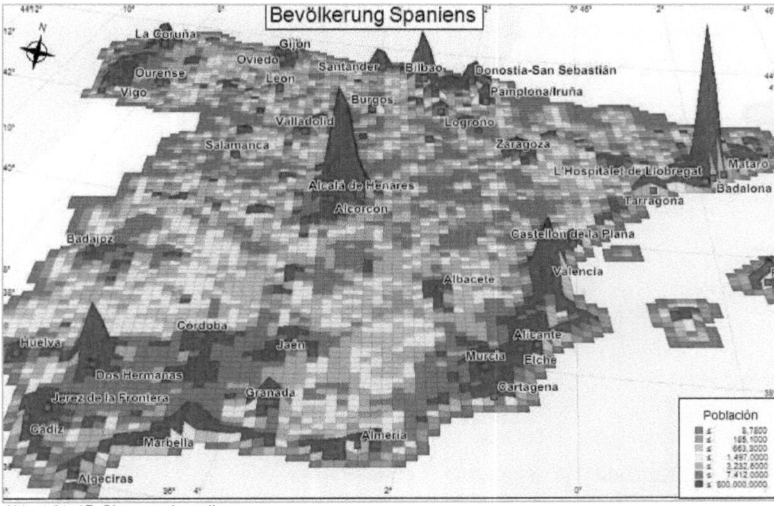

Abb. 4.21: 3D-Gitternetzdarstellung

Kapitel 5: Berechnungen

5.1 Entfernungsberechnungen

Alle geographischen Abstände können in verschiedenen Maßeinheiten ausgelesen werden. Dabei bieten sich verschiedene Vorgehensweisen an. Mit der Maus können direkt in der Karte oder über die Berechnung Luftlinie die Entfernungen zweier Objekte ermittelt werden, zum Beispiel zwischen Standorten. Aber auch die Berechnung von Fahrzeitzonen um einen gewählten Standort ist möglich.

(Beispieldaten: .../Tutorial/daten_datos/ 5)

a) mit der Maus

Zur Berechnung der Luftlinie zwischen zwei Objekten, kann unter *Landkarte→Entfernung* ein Werkzeug ausgewählt werden. Durch Anklicken des Ausgangsortes, danach auf alle Zwischenstationen und anschließendem Klick auf den Zielort, wir die Entfernung als Tooltipp am Mauszeiger angezeigt.

b) Umfang, Länge und Entfernungen

Über die markierten Funktionen der nebenstehenden Abbildung sind die Berechnugen von Umfang oder Länge eines Objektes möglich. Die Ergebnisse werden in die Attributtabelle des jeweiligen Layers als neue Spalte angelegt.

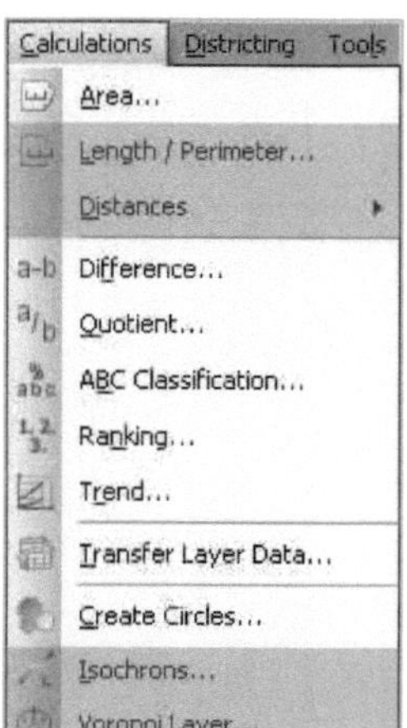

Isochronen

Bei der Bewertung von Standorten ist die Ermittlung des Reichweitenpotenzials von Bedeutung. Isochronen, Linien gleicher Zeitabstände oder Entfernungen geben dieses Potenzial an. Damit kann zum Beispiel ermittelt werden, wie viel Zeit Kunden brauchen, um einen Firmenstandort zu erreichen. Die Berechnung erfolgt dabei über Linienlayer (Straßen).

Mit Voronoi-Layer wird eine Zerlegung des Raumes in

Regionen bezeichnet, die durch eine vorgegebene Menge an Punkten des Raumes bestimmt werden. Jede Region wird durch genau ein Zentrum bestimmt und umfasst alle Punkte des Raumes. Aus allen Punkten entsteht der Voronoi-Layer.

5.2 Tabellenberechnungen

District/ RegioGraph stellt verschiedene Funktionen bereit, um Berechnungen mit den Daten der Attributtabelle durchzuführen.

(Beispieldaten: .../Tutorial/daten_datos/ 5)

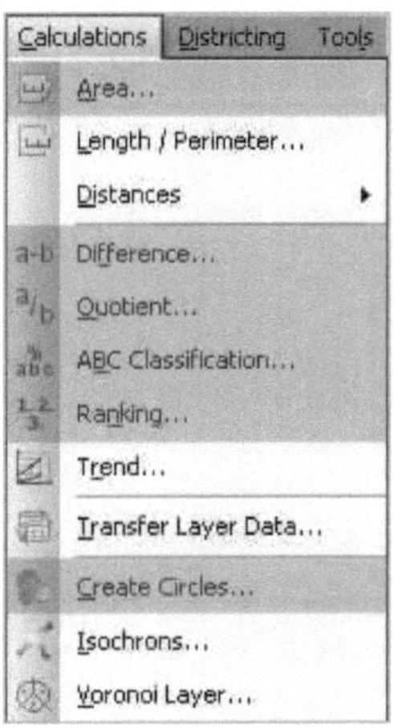

Abb. 5.2: Dialog Berechnungen (II)

a) Flächenberechnung
Die Berechnung des Flächeninhalts eines Layers mit Ausgabe als neue Spalte der Attributtabelle.

b) Differenz und Quotient
Berechnung der Differenz oder des Quotients zwischen zwei Spalten eines Layers, mit der Erstellung einer neuen Spalte für die Resultate

c) ABC-Klassifikation
Einteilung der Daten in verschiedene Klassen nach benutzerdefinierten Vorgaben (Vgl. Video)

d) Ranking
Einteilung der Daten in Ränge, d. h. Erstellung einer neuen Spalte in der Attributtabelle mit den Werten 1 (beste) bis ... (schlechteste)

e) Kreise erstellen
Erstellung von Kreisen um bestehende Standorte in einem neuen Layer. Dabei können mehrere Kreise mit benutzerdefinierten Radien erstellt werden (Vgl. Video)

Kapitel 6: Gebiets- & Standortplanung

6.1 Neue Gebiete erstellen

Das Ziel der Gebietsplanung ist es, kleinste geographische Einheiten zu übergeordneten Gebietseinheiten unter Betrachtung verschiedener Kriterien zusammenzufassen.

(Beispieldaten: .../Tutorial/daten_datos/ 6)

Vorgehensweise:

1. In einem Layer werden alle Flächen markiert, die zu einem Gebiet zusammengefasst werden sollen. Dafür stehen im Programm unter Bearbeiten→Markieren mehrere Möglichkeiten zur Selektion bereit. Wie zum Beispiel die Selektion durch ein Polygon, durch einen Kreis oder ähnliches.

2. Die selektierten Bereiche können nun über *Landkarte→Aggregation→Kombinieren* zu Gebieten zusammengefasst werden.

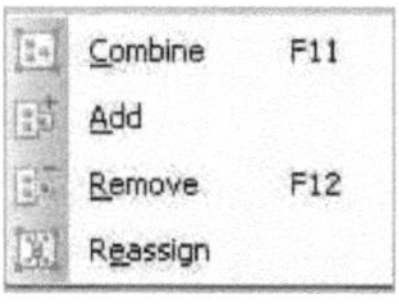

3. Im folgenden Dialogfeld kann eine ID für das neu erzeugte Gebiet vergeben werden. Das Ergebnis ist ein automatisch neu erzeugter Layer mit dem erstellten Gebiet. Auf diese Weise können weitere Gebiete erstellt werden, die automatisch im neu erstellten Layer eingefügt werden.

Abb.: 6.1: Aggregationsfunktionen

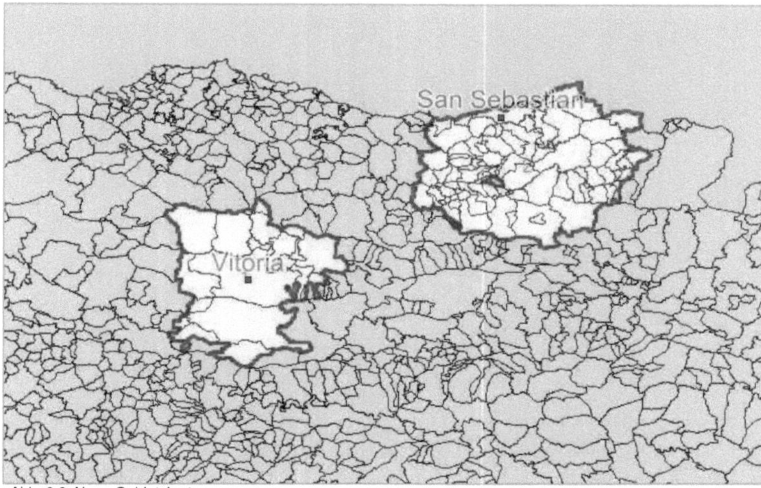

Abb. 6.2: Neue Gebietskarte

Durch wiederholte Aggregation kann eine Gebietshierarchie erstellt werden. Änderungen der Gebietsstruktur und/oder der Daten werden dynamisch auf allen Gebietsebenen übernommen.

6.2 Standorte planen

Die Aufgabenkomplexe im Bereich der Standortplanung lassen sich in die zwei Bereiche der Standortsuche und der Standortoptimierung differenzieren. Die Standortsuche repräsentiert die Suche nach einem geographischen Ort zur Erzeugung und Verwertung von Produkten und Leistungen in einem bestimmten Marktsegment unter Verwendung von Konkrurenzanalysen oder Umfeldfaktoren.

Es können in einer Karte mehrere Analysen angewendet werden, um den optimalen Standort zu finden.
Zum Beispiel Analysen können dafür die Isochronen sein, welche Fahrzeitzonen um einen eventuellen Standort erstellen und die Punktdichtedarstellung zur Visualisierung der eventuellen Kunden in der näheren Umgebung.

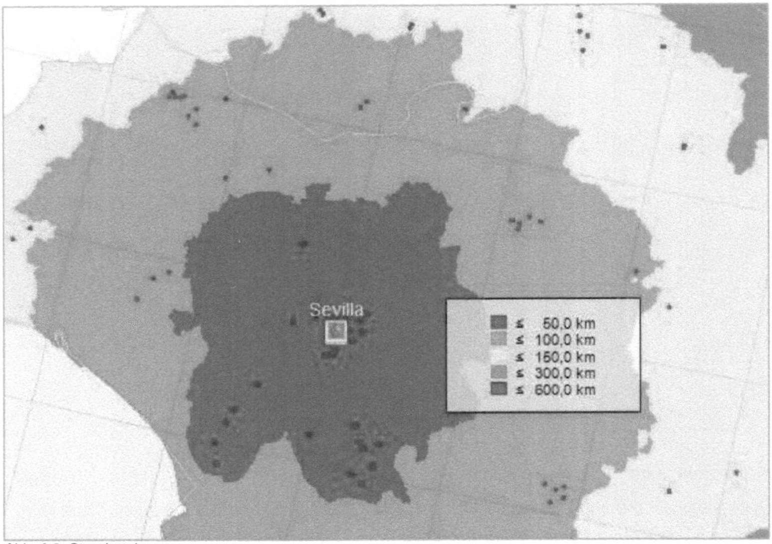

Abb. 6.3: Standortplanung

6.3 Berichte & Reporte erstellen

Das Programm District/ RegioGraph bietet die Möglichkeit der Erstellung von Berichten. Dabei gibt es zwei Möglichkeiten der Berichterstellung; der Bericht zur aktuellen Gebietsstruktur und der statistische Bericht.

<u>a) Gebietsbericht</u>

Der Gebietsstrukturbericht wird vollautomatisch erstellt und als HTML-Dokument exportiert. Er enthält Informationen zu den hinterlegten Daten der jeweiligen Gebiete, die geographische Ausdehnung, die Erreichbarkeit vom zugeordneten Standpunkt aus und die Abweichung aller Daten vom Optimum. Auf der Hauptkarte gelangt man über Links zur jeweiligen Unterseite eines Gebietes, in dem weitere detaillierte Informationen des jeweiligen Gebietes hinterlegt sind.

1. Über die Menüleiste Gebietsplanung → Gebietsbericht erstellen wird der Berichterstellungs-Assistent geöffnet.

2. Im ersten Dialog des Assistenten wird der Gebietslayer gewählt, mit dessen Daten der Bericht erzeugt wird sowie der Speicherort des Berichtes festgelegt.

Abb. 6.4: Dialog Reporterstellung (I)

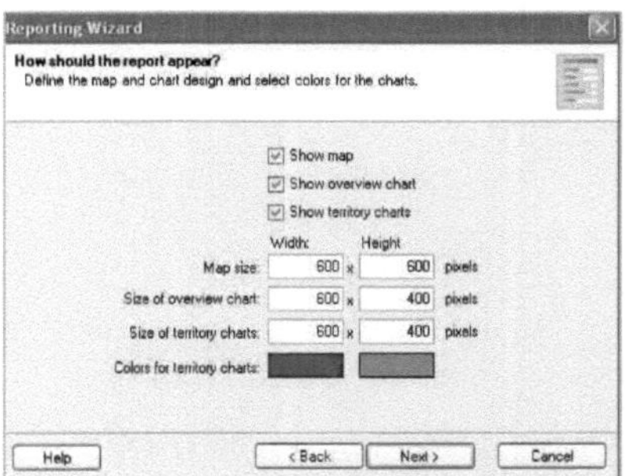

3. Anschließend können die Spalten der Attributtabelle des Gebietslayers gewählt werden, die im Bericht aufgeführt werden sollen.

4. Im nachfolgenden Dialog können Einstellungen zur HTML-Seite getroffen werdenwenn der Button weiter bestätigt wird.

Abb. 6.5: Dialog Reporterstellung (II)

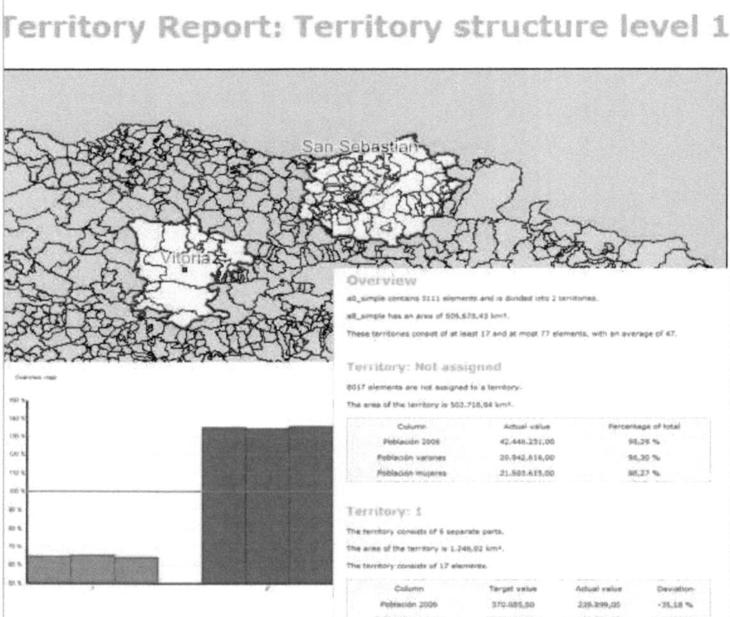

Abb. 6.6: Gebietsbericht

b) Statistischer Bericht

Der Statistische Bericht wird ebenfalls als HTML-Dokument exportiert. Er visualisiert über ein Histogramm für alle numerischen Spalten die Angaben über Minimum, Maximum und Durchschnitt.

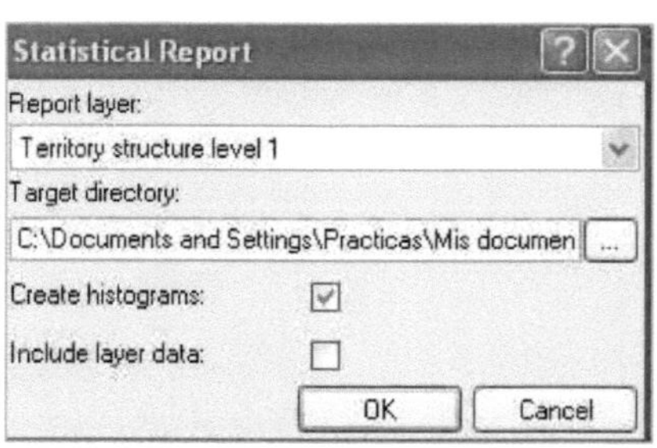

Abb. 6.7: Dialog statistischer Bericht

1. Über die Menüleiste unter Gebietsplanung → Statistischen Bericht erstellen.

2. Anschließend wird im Dialogfeld der Gebietslayer gewählt, mit dessen Daten der Bericht erzeugt wird sowie der Speicherort des Berichtes.

3. Nun erfolgt die automatische Erstellung des Berichtes. Dabei werden Histogramme für alle Datenspalten erzeugt sowie die Ausgabe der Daten in Tabellenform erzeugt.

PLZ:

Minimum:	1.007
Maximum:	28.223
Average:	18.314
Sum:	73.256

Layer table

ID	Belongs to	ORT	tel	PLZ	Kategorie
		Vitoria	945.131.372	1.007	Hauptsitz
		San Sebastian	943.050.350	20.018	Nebensitz
		León	987.030.054	24.008	Nebensitz
		Madrid	917.711.723	28.223	Nebensitz

Abb. 6.9: Statistischer Bericht

9. Kurzbefehle Tastatur

STRG + Umschalt + N	Neues Projekt anlegen
STRG + O	Projekt Öffnen
STRG + S	aktuelles Arbeitsblatt speichern
STRG + Umschalt + S	alles Speichern
STRG + I	Importieren
STRG + E	Exportieren
STRG + N	Neues Arbeitsblatt anlegen
STRG + P	Drucken
STRG + Z	Rückgängig
STRG + Y	Schritt vor
STRG + X	Ausschneiden
STRG + C	Kopieren
STRG + V	Einfügen
STRG + F	Finden
STRG + A	alles markieren
STRG + M	Markierung aufheben
Entf	Löschen
F5	neu zeichnen
+	Reinzoomen
-	Rauszoomen

STICHWORTVERZEICHNIS